地表水遥感监测与模拟：理论、方法与实践

黄　昌　著

西安交通大學出版社
XI'AN JIAOTONG UNIVERSITY PRESS

内容简介

本书旨在系统介绍地表水遥感监测与模拟的理论、方法与实践，并基于最新的遥感技术和算法，探讨如何利用多源遥感数据实现对地表水的高精度、高时效监测，且通过一系列不同的研究案例向读者介绍相关方法的建立理念、实现思路与应用效果。全书共分为8章，第1章为绪论，介绍地表水遥感监测的背景、意义及研究现状；第2章详细阐述地表水遥感监测的基本原理与方法，涵盖光学遥感、微波遥感和卫星高度计等技术；第3章至第7章分别介绍了混合像元分解与重构、影像时空融合、不确定性提取、SAR地表水提取、洪水淹没模拟等关键技术；第8章对全书内容进行了总结与展望。

本书不仅适合遥感、水文、环境科学等领域的研究人员和工程技术人员参考，也可作为相关专业本科生和研究生的参考教材。

图书在版编目(CIP)数据

地表水遥感监测与模拟：理论、方法与实践 / 黄昌著. -- 西安：西安交通大学出版社，2025.5.
ISBN 978-7-5693-2436-5
Ⅰ. TV211.1
中国国家版本馆CIP数据核字第2024ZV7002号

书　　名　地表水遥感监测与模拟：理论、方法与实践
DIBIAOSHUI YAOGAN JIANCE YU MONI：LILUN、FANGFA YU SHIJIAN
著　　者　黄　昌
责任编辑　王建洪
责任校对　史菲菲
装帧设计　伍　胜

出版发行　西安交通大学出版社
（西安市兴庆南路1号　邮政编码710048）
网　　址　http://www.xjtupress.com
电　　话　(029)82668357　82667874（市场营销中心）
(029)82668315（总编办）
传　　真　(029)82668280
印　　刷　西安五星印刷有限公司

开　　本　700 mm×1000 mm　1/16　**印张**　11　**字数**　251千字
版次印次　2025年5月第1版　2025年5月第1次印刷
书　　号　ISBN 978-7-5693-2436-5
定　　价　79.00元

如发现印装质量问题，请与本社市场营销中心联系。
订购热线：(029)82665248　(029)82667874
投稿热线：(029)82665379　QQ：793619240
读者信箱：793619240@qq.com

前　言

地表水是地球生态系统的重要组成部分，对维持生态平衡、支持人类生产生活具有不可替代的作用。随着全球气候变化和人类活动的加剧，地表水的动态变化日益显著，且洪水、干旱等极端水文事件频发，给社会经济发展和生态环境保护带来了巨大挑战。因此，及时、准确地监测地表水的时空动态变化，不仅是水资源管理的基础，也是应对气候变化、防灾减灾的关键。

遥感技术作为一种高效、非接触的对地观测手段，近年来在地表水监测中发挥了重要作用。与传统的地面观测方法相比，遥感技术具有覆盖范围广、数据获取快、周期性重复观测等优势，能够在大尺度上实现对地表水的动态监测。特别是随着多源遥感数据的不断丰富和遥感算法的不断进步，地表水遥感监测的精度和时效性得到了显著提升。

然而，地表水遥感监测仍面临诸多挑战。首先，地表水体的动态变化复杂，受自然和人为因素的双重影响，如何准确捕捉这些变化仍然是一个难题。其次，遥感数据的空间分辨率和时间分辨率之间存在相互制约的矛盾，高空间分辨率的数据往往时间分辨率较低，难以满足快速变化的地表水监测需求。再次，地表水体的光谱特征复杂，尤其是在混合像元、阴影、云覆盖等情况下，如何提高地表水提取的精度和可靠性，仍然是遥感领域的研究热点。最后，光学遥感和合成孔径雷达(SAR)遥感在探测地表水时各有优缺点，如何通过继承多源遥感数据开展河流、湖泊、湿地等地表水体的精准提取与动态监测，是该领域研究的前沿问题之一。

本书旨在系统介绍地表水遥感监测与模拟的理论、方法与实践，并基于最新的遥感技术和算法，探讨如何利用多源遥感数据实现对地表水的高精度、高时效监测，且通过一系列不同的研究案例向读者介绍相关方法的建立理念、实现思路与应用效果。全书共分为8章，第1章为绪论，介绍地表水遥感监测的背景、意义及研究现状；第2章详细阐述地表水遥感监测的基本原理与方法，涵盖光学遥感、微波遥感和卫星高度计等技术；第3章至第7章分别介绍了混合像元分解与重构、影像时空融合、不确定性提取、SAR地表水提取、洪水淹没模拟等关键技术；第8章对全书内容进行了总结与展望。

本书不仅适合遥感、水文、环境科学等领域的研究人员和工程技术人员参考，也可作为相关专业本科生和研究生的参考教材。希望通过本书的出版，能够为地表水遥感监测领域的研究和应用提供有益的参考，推动该领域的进一步发展。

本书是作者多年实践的结晶，本书的顺利完成离不开多位老师和同学的帮助。在此要特别感谢的是我的两位导师：华东师范大学的吴健平教授和澳大利亚联邦科学与工业研究组织(CSIRO)的 Yun Chen(陈芸)研究员，是他们引领我进入水文遥感这个充满魅力的领域。感谢我求学及工作过程中遇到的多位良师，包括西北大学的王宁练教授、张世强教授等，以及美国布朗大学的 Laurence Smith(劳伦斯·史密斯)教授、奥地利维也纳技术大学的 Wolfgang Wagner(沃尔夫冈·瓦格纳)教授、CSIRO 的 Susan Cuddy(苏珊·卡迪)女士等，是他们在我多年的研究工作中不断地为我提供各种帮助，助我在这个领域内不断深耕。感谢我的研究生，包括刘启航、李云梅、史卓琳、崔韩迪等在本书撰写过程中作出的贡献。

本书是在国家自然科学基金“虚拟站优化定位下的星-机联合河道流量估算”(42471023)，黄河水科学联合基金“黄河黄土高原段悬浮泥沙遥感机理与动态监测技术研究”(U2243205)，国家自然科学基金“基于多时相遥感影像的亚像元级地表水变化监测研究”(41501460)，“十三五”国家重点研发计划项目“山洪灾害监测预警关键技术与集成示范”(2017YFC1502501)，以及“十三五”国家重点研发计划项目“西北内陆区水资源安全保障技术集成与应用”(2017YFC1502501)的共同资助下完成的。

本书的主体内容来源于课题相关研究报告，部分内容来源于本人的博士毕业论文。书中部分阶段性成果已在国内外刊物上发表。本书写作过程中参考了国内外研究论文和相关网站资料，在此对相关作者表示衷心感谢。虽然作者试图在参考文献中把所引参考资料全部列出并在文中标明出处，但难免有所疏漏，还望谅解。本书虽几易其稿，但因作者水平有限，不妥之处仍在所难免，恳请读者批评指正。

2025 年 3 月于芜湖

目　录

第1章 绪 论

1.1 地表水的重要性

地表水(surface water),是指地球表面上的水,如河流、湖泊、湿地和海洋等。有时,固态水如冰川、冰盖等也被认为是地表水的一部分。但是,更多时候,我们采用狭义的地表水定义,即除去海洋以及固态水之外的陆地水。本书亦采用这一定义,认为地表水主要指河流、湖泊及沼泽等陆地水体。地表水是人类生产生活用水的重要来源之一,也是各国水资源的主要组成部分。地表水对于维持各种生命形式不可或缺,它通过为大量动植物提供栖息地的方式保护河岸或湿地生态系统中的生物多样性(Vörösmarty et al., 2010)。地表水不仅作为水文循环的重要组成部分,对生态系统至关重要,还关乎我们生产生活的方方面面,例如作为饮用水、农业用水、工业用水等(Vörösmarty et al., 2000)。

地球上淡水的分布非常不均匀。虽然在中生代和古近纪等温暖时期,地球上没有冰川覆盖,所有淡水都存在于河流和溪流中,但如今大多数淡水以冰、雪、地下水和土壤水分的形式存在,只有 0.3%以液体形式存在于地球表面。在液态地表淡水中,湖泊约占 87%,沼泽约占 11%,河流仅占约 2%,此外,大气和生物中也存在少量液态水。

由于不同自然和人为因素等的影响,地表水体具有较强的动态性,表现为范围缩小、扩张或流动转移等特点(Karpatne et al., 2016)。地表水体的动态变化会通过影响其他自然资源和人民财产等,进一步影响环境。地表水量的变化通常会导致严重的后果。在极端情况下,地表水的快速增加会导致洪水泛滥,而急剧缩减又将导致干旱灾害。因此,对地表水的时空动态进行及时、准确的监测,具有重要的生态环境意义和社会经济意义。

1.2 遥感技术及其原理

广义的遥感泛指一切无接触的远距离探测,包括对机械波(声波、地震波等)、电磁场、力场等的探测。狭义的遥感主要指在地球与环境领域,从远处通过探测仪器接收来自目标地物的电磁波信息,经过对信息的处理,判别出目标地物的属性。本书中将沿用狭义的遥感定义。目前遥感已应用于诸多领域,包括地理、土地测量和大多数地球科学学科(如水文学、生态学、气象学、海洋学、冰川学、地质学等),成为地球环境资源调查和规划不可或缺的有效手段。此外,它还具有军事、情报、商业、经济和人道主义等方面的应用。

相对于传统的对地观测技术,遥感技术具有很多无可比拟的优点,具体包括以下方面。

(1)遥感可实现大面积的同步观测。比如一幅 Landsat 图像,覆盖面积达 185 km×185 km,在 5～6 分钟内可完成扫描,实现对地的大面积同步观测。同时,利用遥感所取得的数据可进行大面积资源和环境的调查,并且不受地形阻隔等的限制。

(2)遥感观测具有很强的时效性。遥感探测可以在短时间内对同一地区进行重复探测,监测地球上许多事物的动态变化。一般地球资源卫星 8～9 天可重复一次,气象卫星每天两次,而传统的地面调查需要花费大量的人力和物力,且周期很长。因此,遥感方法具有很好的时效性。遥感在天气预报、火灾和水灾监测以及军事行动等领域的应用,反映了其时效性优势。

(3)遥感技术获取的数据具有综合性和可比性。遥感获得的地物电磁波特性数据综合地反映了地球上许多自然、人文信息,客观地记录了地面的实际状况,数据综合性很强。同时,不同的卫星传感器获得的同一地区的数据以及同一传感器在不同时间获得的同一地区的数据,均具有可比性。

(4)遥感技术具有很高的经济性。从投入的费用与所获取的效益看,遥感与传统的方法相比,可以大大地节省人力、物力、财力和时间,具有很高的经济效益和社会效益。

根据遥感传感器搭载的平台不同,遥感一般分为地面遥感、航空遥感和航天(卫星)遥感。其中,卫星遥感由于覆盖范围更广、周期重复观测更加方便,是目前遥感领域最重要的遥感方式。本书中所涉及的遥感平台也以卫星遥感为主。卫星遥感中常用的卫星轨道主要有三种:极地轨道、近地非极地轨道和对地静止轨道。极地轨道卫星位于与赤道平面成 90°角倾斜的轨道平面内。这种倾斜度使卫星可以感知整个地球,包括极地地区,从而可以观察到难以通过地面到达的位置。许多极地轨道卫星被认为是与太阳同步的,这意味着卫星在每个周期的相同太阳时间经过同一位置,有利于周期性的重复观测。极地轨道可以上升或下降。在上升的轨道上,人造卫星越过赤道,便从南向北移动。在下降的轨道上,卫星从北向南移动。近地非极地轨道的高度通常比地球表面高 2000 km。这些轨道不提供全球覆盖,而是仅覆盖部分纬度。对地静止卫星跟随地球自转,并以相同的自转速度行进,因此,卫星对地球上的观察者来说似乎固定在一个位置。这些卫星在每次观测时都能捕获到相同的地球视野，几乎可以连续覆盖一个区域，因此广泛应用于气象领域。绝大多数的气象卫星均处于对地静止轨道。

由带电粒子的振动产生的电磁能以波的形式传播，通过大气层和太空真空。这些波具有不同的波长（波峰到波峰的距离）和频率。波长越短意味着频率越高，像无线电波、微波和红外线，具有更长的波长，而其他诸如紫外线、X射线和伽马射线，则具有短得多的波长。可见光位于长波和短波辐射范围的中间，这小部分能量是人眼能够检测到的全部能量，所有其他形式的电磁能则需要专业仪器来检测。遥感，正是利用不同波长的电磁波实现对地表目标物体进行探测的。

一些特定波长范围的电磁波容易被大气中的元素（如水蒸气和二氧化碳）吸收或反射，而某些波长的电磁波则能够在大气中无阻碍地移动。可见光具有可以穿透大气的波长，而微波的波长则可以完全穿过云层而不受其影响。卫星观测到的主要能源来自太阳。太阳反射的能量取决于目标物的粗糙度及其反射率，即目标物反射光而不吸收光的程度。例如，雪的反射率很高，反射了多达90%的来自太阳的能量，而海洋将来自太阳的能量仅反射了大约6%，其余的能量则被吸收。通常，当能量被吸收后，会在更长的波长处被重新发射。例如，海洋吸收的能量大部分以红外辐射的形式重新发出。地球上的所有地物都能反射、吸收或传输能量，这些能量的大小随波长而变化。就像人类的指纹对个人来说是独一无二的一样，地球上的所有地物都有独特的光谱“指纹”，也称作光谱特征曲线。因此，研究人员可以使用此信息来识别不同的地物特征以及不同的岩石和矿物类型等。

机载和星载的遥感传感器或将太阳辐射作为能量来源或自己发射电磁波，以测量反射回的能量。使用来自太阳的自然能量的传感器被称为被动传感器，而自身能够发射能源的传感器则被称为主动传感器。

被动传感器包括不同类型的辐射计（用于定量测量选定波段中电磁辐射强度的仪器）和光谱仪（旨在检测、测量和分析反射电磁辐射的光谱含量的设备）。遥感应用程序使用的大多数无源系统都在电磁光谱的可见、红外、热红外和微波部分中工作。这些传感器可测量陆地和海洋表面温度、植被特性、云雾和气溶胶特性以及其他物理特性。同时需要注意的是，大多数被动传感器无法穿透厚密的云层，因此，其在对热带地区经常有云层覆盖的区域的观测中存在局限性。

主动传感器包括不同类型的无线电检测和测距（雷达）传感器、高度计和散射仪。大多数主动传感器都在电磁频谱的微波频带内工作，这使它们能够在大多数情况下穿透大气和云层。这些类型的传感器可用于测量气溶胶、森林结构、冰雪、降水和风等。

分辨率是遥感传感器的重要特征，在如何使用传感器数据方面起着重要作用。根据卫星的轨道和传感器设计不同，分辨率可能会有所不同。对于任何数据集，要考虑四种分辨率类型：辐射分辨率、光谱分辨率、空间分辨率和时间分辨率。

辐射分辨率是每个像素中的信息量,即代表记录的能量的位数。每个位记录2的幂指数。例如,8位分辨率为2^8,表示传感器具有256个潜在数字值(0～255)来存储信息。因此,辐射分辨率越高,可用于存储信息的值就越多,即使在最小的能量差之间也能提供更好的区分。例如,在评估水质时,必须采用较高的辐射分辨率来区分海洋颜色的细微差别。

光谱分辨率是传感器辨别更精细波长(即具有更多和更窄的波段)的能力。许多传感器被认为是多光谱的,这意味着它们具有3～10个波段;而具有数百甚至数千个波段的传感器被认为是高光谱的。给定频段的波长范围越窄,光谱分辨率越好。例如,机载可见/红外成像光谱仪(AVIRIS)在224个光谱通道中捕获信息,具有很高的光谱分辨率,因此能够区分岩石和矿物类型、植被类型和其他特征。

空间分辨率由数字图像中每个像素的大小以及该像素代表的地球表面区域大小来定义。例如,中分辨率成像光谱仪(MODIS)观察到的大多数波段的空间分辨率为1 km,即每个像素代表地面上1 km×1 km的区域。此外,MODIS还包括空间分辨率为250 m和500 m的频段。分辨率越高,遥感图像越能反映更多的细节。

时间分辨率是卫星重新访问同一观测区域所花费的时间。时间分辨率取决于轨道、传感器的特性和条幅宽度。由于对地静止卫星与地球自转的速率相匹配,因此其时间分辨率要好得多,为30秒至1分钟。极地轨道卫星的时间分辨率可能从1天到16天不等。例如,MODIS的时间分辨率为1～2天,这使我们可以直观地观察到地球每天的变化,而Landsat的条带宽度较窄,时间分辨率为16天,因此只能显示地球每16天的变化情况。

可以看到,这四个分辨率越高,遥感监测地物的能力越强。但是,现实中,很难有一个传感器能够同时获得各种分辨率均高的数据。比如,为了获得具有高空间分辨率的观测结果(如Landsat),需要更窄的条带,这反过来又需要在给定区域的观测之间花费更多的时间,从而导致较低的时间分辨率。因此,研究人员必须权衡取舍,这就是为什么了解任何给定研究领域需要哪种类型的数据非常重要的原因。在研究随时间而动态变化的天气时,具有良好的时间分辨率至关重要。当研究季节性植被变化时,为了更高的光谱分辨率或空间分辨率,可能要以牺牲时间分辨率为代价。

1.3 地表水遥感研究现状

1.3.1 地表水资源遥感监测

水是“生命之源”,是一切生物赖以生存的基本条件,与人类活动息息相关,是人类生产和生活不可或缺的自然资源之一。水资源不仅是生态环境健康发展的保证，也是支撑社会经济可持续发展的重要保障，同时承载着为人类社会的生产、生活活动提供资源保障的重要使命。地表水是地球水资源的重要组成部分。随着全球人口增长和经济发展，社会对水资源的需求量越来越大，而我国水资源量亦存在着总量大、人均少、时空分布不均衡等特征，这进一步激化了水资源供需矛盾。面对这些问题，如何进行水资源的科学调度、合理配置和高效管理，显得格外有意义。

传统的水资源监测主要是通过布设监测站网，依靠地面人工或仪器自动监测手段获取点位上的水资源信息，通过分析计算获得区域水资源信息。传统的监测方法可以获取监测点处较高精度的信息，但是也存在一些问题，比如监测点的建立与实施主要依据水资源管理的需求和经济条件是否允许，能够实现的监测只能是少量重要点位的信息，无法直接获取区域面上的信息，这也使得监测范围无法覆盖所有水源地。

作为一门对地观测的综合性技术，遥感有着传统监测手段无法比拟的优点，包括探测范围广、数据采集快、时效性强、周期性重复监测、经济性高等。显而易见，遥感技术的这些优点使得其在水资源监测方面有着得天独厚的优势，可以弥补传统的水资源监测手段在区域监测与监测效率方面存在的不足。

从20世纪70年代起，国内外就先后出现了很多利用遥感手段监测地表水资源的研究，但是，绝大部分的遥感手段都只能够实现对地表水体范围的监测，然而，水体范围很多时候无法直接反映水源地蓄水量的多少，即仅仅通过水面的面积很难总体上把握区域的水资源总量。传统的方法一般通过地面测量的方式获取部分水域的水深信息，再结合水面面积对蓄水量进行估算，但是这种方法费时费力，且精度很大程度上取决于采样点的数目，效率低下。因此，研究如何结合少量地面监测数据和遥感资料实现对水源地蓄水量的高精度动态监测，对于整体把握区域水资源现状、及时制定水资源应急对策以应对极端条件下的水资源危机具有重要意义。

对水源地蓄水量的监测研究（即对湖泊或水库库容的监测）已经成为水文、水资源遥感最重要的研究内容之一。国内外学者已经开展了一系列的应用研究，传统的方法是结合遥感探测的水面面积与少量观测数据建立面积-库容关系模型，然后基于这个模型，通过面积实现对蓄水量的监测。比如，吕杰堂等（2002）基于遥感技术手段，通过面积和库容的关系模型计算了西藏易贡滑坡堰塞湖的库容；乔平林等（2003）利用实地观测数据建立水库面积-库容模型，然后通过TM影像计算水库面积，以求出水资源量；田雨等（2007）从水位库容模型提取库容，据此建立水库面积-库容关系模型，实现对水库库容量的测算；Smith等（2010）应用实测水位数据和遥感面积数据估算阿萨巴斯卡和平三角洲9个湖泊的动态库容。以上研究均在一定程度上取得了较为满意的结果，但是，学者们所建立的面积-库容关系模型缺乏具体的物理含义，而且各个水库或湖泊的关系模型并不具备通用性。

于是，越来越多的研究在获得水位-库容关系模型的同时融入湖盆地形数据，基于水体容积计算的物理学原理并结合遥感手段监测库容。比如,Foteinopoulos (2009)提出利用3次样条插值生成等高线的方法估算库容量;Abileah等(2011)提出利用光学遥感影像和雷达测高数据相结合的水库库容测算方法;Zhang等(2011)通过遥感、实地湖盆测量和GIS技术计算纳木错的年际和年内水量变化;蔡青等(2012)基于MODIS影像、水文站数据和湖盆DEM(digital elevation model,数字高程模型)估算洞庭湖的蓄水量;刘东等(2012)通过水位高程图与湖盆DEM相减生成水深图,再根据栅格水深计算鄱阳湖的库容。因此,对于有详细湖盆资料的区域,湖泊库容计算相对容易。但是,现实中往往很多湖泊的湖盆数据难以直接获取,尤其是边远山区以及西部无资料或者少资料地区,很多湖泊没有实测湖盆数据。另外,即使拥有历史湖盆数据,由于长期的湖底淤积以及边岸冲积变形等其他变化,湖盆水下地形数据也需要及时修正。当水下地形数据进行修正之后,水位与库容的关系也将发生变化,这些变化将同时造成遥感监测的水面面积和地面监测的水位之间关系的变化,这些变化可用于进一步修正水位、面积、库容之间的关系模型。

数据同化技术是一种将不同来源、不同误差信息、不同时空分辨率的观测资料融合进入数值动力模式,且依据严格的数学理论,在模式解和实际观测之间找到一个最优解,同时,这个最优解可以继续为动力模式提供初始场,以此不断循环下去,使得模式的结果不断地向观测值逼近,实现模拟的优化。数据同化技术可以很好地解决水库等水源地逐渐出现的库底淤积和边岸冲积变形等对水位-面积-库容关系造成的影响问题,提高该关系模型用于蓄水量监测的准确性。

1.3.2 洪水淹没范围遥感反演

原始的探测洪水的方法是实地测量。在洪水多发的地段或河段经常会设有水标尺,用以记录洪水的水位。这种方法一直延续至今,时至今日,它仍然是洪水研究不可或缺的一部分。水文观测站一般也是通过水标尺对洪水水情进行监测,通过持续地记录水位的变化,依据每个观测站特有的水位水量关系曲线估算流量。实地测量的站点数据一般都具有很长的历史记录,它们是当前用以掌握地表水动态的基本手段(Alsdorf et al., 2007),也是基础洪水研究不可或缺的部分。尽管流量数据已经在很多研究中被用于洪水频率分析(Saf, 2009; Shi et al., 2010; Seckin et al., 2011),并且它们非常适用于定量描述河道中水流随时间的动态变化,但它们无法提供发生洪水过程中地表水的空间运动状态(Papa et al., 2008)。研究洪水,常常需要从基于水文站观测的点观测向区域范围的洪水监测转换(Alsdorf et al., 2003)。

我国对洪水的记录和制图古已有之。我国历史悠久,有丰富的史料、文献,因此,对大多数大中型流域,都可以通过调查来确定一定数量的历史洪水。《中国历史大洪水调查资料汇编》(骆承政，2006)是河段洪水调查资料全国汇总成果，它在6000个河段洪水调查资料的基础上，共选编了5544个河段的调查成果，同时补充了1980年以后在工程设计中采用的部分洪水调查资料。除河段洪水调查资料外，该书还精选了255幅我国古代水文观测、历史洪灾和历史洪水题刻图片，作为历史洪水调查研究的背景材料附于卷后。

计算机技术、空间技术和现代通信技术的发展，推动了数字测绘技术的研究与应用，促进了数据采集和数据处理手段的多样化、自动化、可视化，数字高程模型(DEM)正是在这样的背景下发展并成熟的。由于水的流体特征，洪水的运动与地形密切相关，所以DEM很早就被应用于洪水淹没的制图。利用DEM绘制无源洪水淹没的方法比较简单，所有低于或等于预测水位高程的像元都将计入缓冲区，经累加形成淹没范围(刘仁义 等，2001)。有源淹没的情况则相对复杂，它必须考虑像元之间的连通性。一些常用的算法有种子蔓延(刘仁义 等，2001)、水位/水量模拟(杨军 等，2011)、“环形”淹没算法(孙海 等，2009)等。可想而知，这些方法对DEM的精度要求都比较高。虽然DEM在洪水淹没制图中得到了广泛的应用，但目前精细的DEM数据还比较少，尤其是在那些偏远的地区，而由粗分辨率的地形资料得到的洪水淹没范围又难以满足精度要求，导致很少有基于DEM的制图方法能够很好地描述冲积平原的地形特征。

自20世纪70年代以来，遥感技术就被广泛用于洪水淹没范围制图(Rango et al.，1974)。最开始，80 m分辨率的Landsat MSS(MultiSpectral Scanner)被应用于美国Iowa、Arizona和Mississippi河流域的洪水研究(Sanyal et al.，2004)。MSS的第七波段被认为比较适合区分水(或潮湿的土壤)与干燥的土地表面，这是由于水在近红外波段范围内对电磁波的强吸收。由于微波能够穿透云层，因此微波遥感如合成孔径雷达(SAR)等，已经广泛应用于探测任何大气条件下的洪水淹没范围(Matgen et al.，2007；Di Baldassarre et al.，2011)。光学遥感，得益于其数据的易获取性，相关的洪水应用研究较多。光学遥感影像，比如Landsat MSS、TM/ETM+(thematic mapper/enhanced thematic mapper plus)(Rango et al.，1974；Wang et al.，2002)和SPOT(Blasco et al.，1992)等相对较高分辨率的遥感数据，以及AVHRR(advanced very high resolution radiometer)(Islam et al.，2000a；Islam et al.，2000b)和MODIS(moderate-resolution imaging spectroradiometer)(Islam et al.，2010；Kwak et al.，2011)等相对低空间分辨率但高时间分辨率的遥感数据，都已经应用于洪水淹没的探测与制图。尽管光学遥感受云层等因素的影响存在一定的局限性，但由于它们或具有合适的空间分辨率，或具有较高的时间分辨率，它们在洪水淹没范围探测与制图中仍得到了广泛的应用。

不过，需要注意的是，利用遥感手段只能得到遥感数据获取时刻的淹没情况；单纯地利用遥感数据进行洪水淹没制图，只能够得到历史的或近实时的洪水淹没状况,无法对未知条件或不同情景下的洪水淹没情况进行模拟和预测。因此,研究者需要通过一定的建模手段,以满足更多的实际需求。

1.3.3 河道流量估算

传统的遥感流量估算大致可归纳为三种方式。一是通过遥感获得不同时期河流的水域面积或水位,然后建立水域面积或水位与实测流量之间的统计关系模型(Smith et al., 1995);二是结合遥感影像与地形数据进行水文水动力模拟(Brakenridge et al., 1998);三是基于遥感获得与流量直接相关的水位、河宽,再结合水力几何形态进行流量估算(Alsdorf et al., 2001)。这些方法或以统计理论为支撑,或结合水力几何及物理学原理,对特定河道的流量估算有较高精度,但均需一定的实测数据(如流量数据、水下地形数据等),这限制了它们在无资料、资料稀缺地区或可达性较差地区的应用,而这类地区往往对于流量估算的需求更加强烈。

为了弥补传统遥感流量估算方法的不足,很多学者开始关注单纯基于遥感数据估算流量的可行性(Sichangi et al., 2016; Huang et al., 2018),并先后提出一系列方法。一类方法是不依赖水文模型中的变量,仅选择遥感数据中对水敏感的波段,基于该波段关键位置反射率比值与流量的密切关系来估算流量。该方法最早由 Brakenridge 团队提出,他们先后使用 MODIS 和被动微波遥感的 AMSRE 数据进行分析,发现了关键位置的陆地像元与水体像元在敏感波段的比值与实测流量存在密切的相关关系(Brakenridge et al., 2005; Brakenridge et al., 2007)。基于该理论,Tarpanelli 等(2013)利用 MODIS 的近红外波段建立了关键位置反射率比值这一遥感指标,并发现了流速与该遥感指标的显著相关关系,证明了该方法应用于流量估算的可行性。然而,这类方法中关键位置的水陆像元难以通过自动化的方式确定。

另一类方法是单纯利用遥感数据反演流量估算所需的全部参数,如 Bjerklie 等(2003)提出的基于遥感反演水面流速、河宽和水深的三参数流量估算方法;Sichangi 等(2018)运用遥感数据估算河流流速、河宽、水深等参数,并结合 DEM 获取的河道坡度进行流量估算;Bjerklie 等(2018)利用基于 Landsat 的河流范围产品(dynamic surface water extent, DSWE)及 Jason 测高数据进行流量估算。这类方法需结合多种遥感数据,尤其是雷达获得的水位数据,对遥感数据的要求较高。

基于河流水力几何理论 (Leopold et al., 1953),单个横断面的河道流量一般是河宽、平均径流深度与平均径流速度的函数,这三者与流量之间均存在幂律关系。Gleason 等(2014)发现,在一条河道的多个横断面之间,这些幂律关系的参数存在显著相关性,且在多个不同河道均得到了验证,进一步发展了基于多个横断面水动力几何(at-many-stations hydraulic geometry, AMHG)估算河道流量的方法,使单纯基于遥感提取河宽,进而估算河道流量成为可能。基于遥感提取河宽,一般是建立在提取得到水体边界的基础之上，首先获得河道中心线，然后计算与中心线垂直的河宽信息。比如，Pavelsky 等(2008)开发了从遥感影像上直接提取河道中心线及河宽的工具 RivWidth，并证明了其在多个河段的适用性；Isikdogan 等(2015)提出了基于奇点分析方法自动提取河道中心线及河宽的方法，并结合 Google Earth Engine(Gorelick et al.，2017)开发了基于 Landsat 的自动化河流分析及制图工具(Isikdogan et al.，2017)。因此，河宽可以通过多种手段从遥感影像上获取，这对于无资料河流的径流估算具有重要意义。

以上方法均可单纯基于遥感数据进行流量估算，不依赖实测数据且适用于不同河流，能够及时完善无资料、缺资料流域的流量信息。近年来，研究者对较大尺度甚至全球遥感流量监测的技术与方法进行了不断探索。全球洪水监测系统(global flood detection system，GFDS)(Kugler et al.，2007；De Groeve et al.，2015)基于 Brakenridge 团队的理论，整合了多源遥感数据，提供全球尺度下近实时的流量估算及洪水监测数据(Khan et al.，2014；Shi et al.，2018)。

此外，于 2022 年发射的地表水和海洋地形计划(surface water ocean topography，SWOT)卫星，可获得近全球范围(78°S 至 78°N)的高时空分辨率的海洋与地表水的表面高程、水面比降及水体范围，以服务于多尺度的流量估算(Biancamaria et al.，2016)。作为 SWOT 计划的一部分，美国宇航局(National Aeronautics and Space Administration，NASA)提出了一个通过无人机搭载与 SWOT 相似传感器的预研飞行实验计划 AirSWOT，以试验其在地表水，尤其是湖泊水量与河流流量方面的应用效果。目前，该飞行实验已经取得了一系列的成果。例如，目前已经开发出了多种利用 SWOT 数据估算流量的算法(Holland et al.，1989；Hagemann et al.，2017)，这些方法的具体比较可以参考 Tuozzolo 等(2019)的研究。Pitcher 等(2019)和 Altenau 等(2019)先后在阿拉斯加的育空河(Yukon River)以及塔纳纳河(Tanana River)开展实验，首先对利用 AirSWOT 获得的河面高程和水面比降进行了细致的精度验证，然后基于此开展流量估算，均得到了估算结果与实际观测的流量高度一致的结论。

1.3.4 湖泊水量动态监测

湖泊水量的动态变化情况一般通过湖泊水域面积和湖泊水位变化共同得到。湖泊水位是湖泊的重要特征，传统的湖泊水位监测主要是通过各个水文站来获取数据，但是在一些环境恶劣、交通不便的偏远地区建立水文站存在困难，尤其在青藏高原地区，水文站是比较稀少的，因此对这里的监测较为困难。卫星测高技术的出现打破了这一局限，作为一种新型空间遥感技术，它可以大尺度、全天候、高精度地监测湖泊水位变化。国内外学者已经对此做了很多研究。例如，Birkett (1995)利用 Topex/Poseidon 测高仪估算了湖面高程的误差情况，随后利用 Topex/

Poseidon提取了1992—1994年全球24个湖泊的水位变化。Mercier等(2002)通过Topex/Poseidon测高卫星计算了非洲大陆12个湖泊的水位变化。Braun等(2004)分别利用Jason-1、ENVISAT和ICESat/GLAS数据分析了北美中东部五大湖的水位变化,结果表明GLAS数据因数据密度高和光斑直径小的特点,更适合于海岸线处水位的监测。褚永海等(2005)通过Jason-1 GDRs数据对呼伦湖的水位进行了监测。李建成等(2007)使用Envisat GDRs数据对鄱阳湖、洞庭湖、太湖、巢湖的水位进行了提取分析。Birkett等(2010)使用Jason-2/OSTM数据对湖泊和水库的水位进行了分析,结果表明该数据可以很好地用于科学研究。Zhang等(2011)利用2003—2009年的ICESat/GLAS数据分析了青藏高原上111个湖泊的水位变化,证明了GLAS数据在监测湖泊水位方面的精度达到了要求。李均力等(2011)通过测高卫星ICESat/GLAS分析计算了中亚地区湖泊的水位特征,通过与实测水位的对比表明,ICESat/GLAS得到的湖泊水位误差小于5 cm。吴红波(2012)利用ICESat/GLAS数据监测了长江中下游的湖泊水位变化。张国庆等(2013)利用ICESat/Landsat数据分析了中国最大的10个湖泊2003—2009年的高程变化。张鑫等(2014)利用ICESat/GLAS数据和多源遥感数据分析了青藏高原南区地区5个典型湖泊的水位变化。宋春桥等(2015)结合ICESat和CryoSat-2两颗测高卫星分析了纳木错在2003—2011年的水位变化规律,结果发现ICESat数据的测高结果与站点的同步观测结果相关性达到0.98,而CryoSat-2只能达到0.71。可以看出,测高卫星数据在湖泊水位监测方面已经得到了广泛的应用,尤其是ICESat/GLAS数据,由于其采样点密集、地下光斑直径较小的特点,近些年来应用较多,且精度较好。

湖泊水量变化是根据湖泊的入水量和出水量之间的差值来进行计算的,入湖水量一般包括湖面降雨、地表径流流入和地下水补给,出湖水量包括湖泊蒸散发、地表径流流出和地下水下渗等。但是,这些参数一般要通过当地的水文站进行获取,对于很多环境恶劣、交通不便的偏远地区湖泊来说,这些资料很难收集。遥感技术的快速发展为湖泊水量变化估算带来了新的思路,很多学者开始利用光学遥感影像数据和卫星测高数据分别获取湖泊的面积变化和水位变化,通过水量平衡模型来进行湖泊水量变化的估算。例如,Frappart等(2012)通过把遥感影像和测高卫星结合,分析了大型江河流域处地表水体积的相对变化。Smith等(2010)结合MODIS数据得到的水域面积和GPS观测到的水位值,估算了加拿大九个湖泊的水量变化。Medina等(2010)通过Envisat ASAR影像、RA-2雷达高度计和实测水位提取了伊萨瓦尔湖的面积和高程变化,进而估算了水量变化。Duan等(2013)通过四种不同的数据集(GRLM、RLH、Hydroweb和ICESat/GLAS)获取的水位并结合遥感影像得到的面积,估算了美国米德湖、荷兰艾瑟尔湖和埃塞俄比亚塔纳湖体积的变化。朱长明等(2015)利用Landsat、CBERS卫星遥感影像得到的面积和ICESat测高卫星得到的水位估算了1972—2010年博斯腾湖的水量变化，并利用流域的气象站数据以及湖区生产、生活用水和生态用水等人类活动用水数据，分析了博斯腾湖近40年来的变化原因。岳辉等(2017)利用Landsat数据提取湖泊面积，并基于ICESat和Hydroweb数据提取水位，将两者结合得到了1975—2015年太湖的容积变化，研究发现入湖水量的增加、年降雨量和年蒸发量的变化及政府“退地还湖”政策是太湖发生动态变化的主要原因。李蒙等(2017)利用Landsat影像和湖底数字地形图，通过建立面积-库容关系，估算了1976—2015年纳木错的蓄水量变化特征，并认为升温引起的流域内冰川融水量增加、降水量增多和蒸发量减少是近40年来纳木错水量一直增加的主要原因。Zhang等 (2017)利用Landsat遥感影像和ICESat数据估算了青藏高原1970—2015年湖泊年际的面积、水位和水量变化，并通过水量平衡的方式探究了青藏高原湖泊水量变化的原因。张洪源等 (2018)利用MODIS遥感影像和LEGOS高度计的多年连续数据，基于面积-水位关系，探讨了2001—2016年青海湖的水量年内与年际变化特征，并利用流域气象站和CMFD气象要素驱动数据分析了主要气象要素和青海湖水量净收支之间的关系。

1.3.5 湿地淹水条件监测

湿地的淹水条件，不论是永久的还是暂时的，均会影响其生物地球化学循环，改变土地与大气之间的温室气体通量、养分吸收、沉积物量及其再分配，并决定水生植被的类型、范围和状况(Frappart et al., 2005; Alsdorf et al., 2007)。湿地淹水的区域有时可能与主河道相连，有时也可能不相连，比如在低水位时期，很多湿地往往无法获得主河道的水分补给(Ward et al., 2013)。在湿地，水的高度、深度和运动方式在很大程度上取决于地形的高程、坡度和形态(Alsdorf et al., 2000)。

为了探测、提取和监测湿地的淹水条件，大批学者先后提出了一系列适用于不同遥感传感器的各种方法。中高分辨率的Landsat影像是用于提取开放水体范围的最常用的数据，但是其16天的重访周期，加之云层的干扰等因素，导致其无法获得高频率的水体变化信息。更低空间分辨率的遥感影像，如MODIS和AVHRR等，则往往拥有更高的时间分辨率，因此，它们也常常应用于较大尺度的淹水监测，可以获得较高的观测频率。但是，由于它们的空间分辨率一般为数百米，其水土范围提取的精度受到了较大的限制。此外，因为水体的光谱信息被植被所遮蔽，故植被下的水体也难以从Landsat和MODIS这类光学影像上识别。

合成孔径雷达(SAR)是成像雷达的一种，它具有很多独特的优势：可以调节观测视角，实现多波段、多极化、多角度观测，其成像的立体效应可以有效地探测地物的空间形态特征等。SAR数据由于使用了波长更长的电磁波，具有更强的穿透能力，因此已被证明可以用于探测开放水体，还能用于探测植被下的水体。此外，

SAR 还有不受云层及天气条件限制的优势,能够全天时、全天候地获取对地观测数据,非常适合于探测、提取和监测湿地的淹水状况。一般来说,只有当 SAR 所使用的波长足够长的时候,才能够穿透大部分植被冠层,从而达到识别植被覆盖下的水体的目的(Chapman et al., 2016)。因此,研究中较为常用的是 P 波段、L 波段和 C 波段的 SAR 数据。C 波段波长较短,其穿透能力不如 L 波段和 P 波段,可用于识别部分森林湿地中灌丛植被或稀疏植被下的洪水。L 波段和 P 波段具有较大的穿透能力,可用于探测森林覆盖下的水体,识别被洪水淹没的森林。

湿地有水存在,雷达波与湿地作用过程中,当雷达波由开放水体表面返回时,不受植被影响,因此表现为近似镜面反射,返回传感器的能量较弱,表现为在 SAR 影像上较暗。而当雷达波与被淹水的植被作用时,将产生植被-水面的二次反射,在 SAR 图像上,湿地中被淹没的植被区域的亮度明显高于其他地物类型,因此可以单独利用 SAR 图像,按照雷达回波强度来识别湿地中开放水体的范围和被淹没植被的范围。例如,Townsend (2001)利用 Radarsat 提供的多季相 SAR 图像对美国加利福尼亚州东北部的 Roanoke 河流域及其周围的湿地的季节性淹没状况进行了制图。

单独利用 SAR 进行湿地制图的方法较为简单,但如果制图区域存在回波强度与湿地植被类似的地物,例如居民地,则容易产生误分。在必要情况下,研究者需要对制图区域做掩膜,保证湿地信息提取的区域正确性。此外,光学影像具有丰富的波谱信息,可以为湿地植被类型的精细分析和识别服务,区分出湿地中小群落植被类型。而 SAR 图像对水的敏感性和对湿地植被的穿透能力则是光学影像无法企及的。因此,SAR 影像融合光学影像对湿地制图,可以相互弥补,发挥各自优势,达到更好的效果(李华朋 等, 2010)。例如,Toyra 等 (2000)结合 SPOT 光学影像和 Radarsat 影像对泛北极地区湿地的夏季洪水淹没状况进行监测,取得了较好的效果。

1.4 本书的内容框架

本书共分为 8 章,第 1 章是绪论,对地表水遥感研究的意义及其现状进行总体的阐述。第 2 章介绍地表水遥感监测的基本原理和方法,主要从光学、微波和测高这三类不同的遥感传感器分别进行阐述。第 3 章介绍面向地表水提取的混合像元分解与重构,分别利用三个不同的研究案例说明对水陆混合像元进行分解和重构的一般方法。第 4 章介绍面向地表水体动态监测的影像时空融合。第 5 章介绍利用支持向量机进行地表水不确定性提取的研究案例。第 6 章介绍利用 SAR 进行地表水提取研究的两个案例。第 7 章介绍基于 DEM 和遥感进行洪水淹没连通性及水深模拟的研究。第 8 章对全书的内容进行了总结和展望。

参考文献

蔡青，黄璐，梁婕，等，2012. 基于 MODIS 遥感影像数据的洞庭湖蓄水量估算 [J]. 湖南大学学报(自然科学版)，4：64－69.

褚永海，李建成，姜卫平，等，2005 . 利用 Jason－1 数据监测呼伦湖水位变化[J]. 大地测量与地球动力学，25(4)：11－16.

李华朋，张树清，孙妍，2010. 合成孔径雷达在湿地资源研究中的应用[J]. 自然资源学报，25 (01)：148－154.

李建成，褚永海，姜卫平，等，2007. 利用卫星测高资料监测长江中下游湖泊水位变化[J]. 武汉大学学报(信息科学版) (02)：144－147.

李均力，陈曦，包安明，2011. 2003—2009 年中亚地区湖泊水位变化的时空特征[J]. 地理学报，66 (09)：1219－1229.

李蒙，严登华，刘少华，等，2017. 近 40 年来纳木错水面面积及蓄水量变化特征[J]. 水电能源科学，35 (02)：41－43.

刘东，李艳，2012. 基于遥感技术的鄱阳湖面积库容估算 [J]. 遥感信息，2：57－61.

刘仁义，刘南，2001. 基于 GIS 的复杂地形洪水淹没区计算方法[J]. 地理学报 (01)：1－6.

骆承政，2006. 中国历史大洪水调查资料汇编[M]. 北京：中国书店出版社.

吕杰堂，王治华，周成虎，2002. 西藏易贡滑坡堰塞湖的卫星遥感监测方法初探[J]. 地球学报，23(4)：363－368.

乔平林，张继贤，李海涛，等，2003. 水库容水量遥感监测方法研究[J]. 测绘科学，28(3)：55－57.

宋春桥，叶庆华，程晓，2015. 基于 ICESat/CryoSat－2 卫星测高及站点观测的纳木错湖水位趋势变化监测[J]. 科学通报，60 (21)：2048.

孙海，王乘，2009. 利用 DEM 的“环形”洪水淹没算法研究[J]. 武汉大学学报(信息科学版)，34 (08)：948－951.

田雨，林宗坚，卢秀山，等，2007. 基于遥感的水库水资源定量测算研究[J]. 水利科技与经济，13(4)：217－218.

吴红波，郭忠明，毛瑞娟，2012. ICESat－GLAS 测高数据在长江中下游湖泊水位变化监测中的应用[J]. 资源科学，34 (12)：2289－2298.

杨军，贾鹏，周廷刚，等，2011. 基于 DEM 的洪水淹没模拟分析及虚拟现实表达[J]. 西南大学学报(自然科学版)，33 (10)：143－148.

岳辉，刘英，2017. 基于 Landsat 及 ICESat 和 Hydroweb 的太湖容积变化监测[J]. 水利水电技术，48(09)：77－83.

张国庆，XIE H J，姚檀栋，等，2013. 基于 ICESat 和 Landsat 的中国十大湖泊水量平衡估算[J]. 科学通报，58 (26):2664 - 2678.

张洪源，吴艳红，刘衍君，等，2018. 近 20 年青海湖水量变化遥感分析[J]. 地理科学进展，37 (06)：823 - 832.

张鑫，吴艳红，2014. 1972—2012 年青藏高原中南部内陆湖泊的水位变化[J]. 地理学报，69 (07)：993 - 1001.

朱长明，李均力，张新，等，2015. 近 40a 来博斯腾湖水资源遥感动态监测与特征分析[J]. 自然资源学报，30 (01)：106 - 114.

ABILEAH R，VIGNUDELLI S，SCOZZARI A，2011. A completely remote sensing approach to monitoring reservoirs water volume [J]. European Geosciences Union General Assembly，15：3 - 6.

ALSDORF D E，LETTENMAIER D P，2003. Tracking fresh water from space [J]. Science，301(5639)：1491 - 1494.

ALSDORF D E，MELACK J M，DUNNE T，et al，2000. Interferometric radar measurements of water level changes on the Amazon flood plain [J]. Nature，404：174 - 177.

ALSDORF D，BATES P，MELACK J，et al，2007. Spatial and temporal complexity of the Amazon flood measured from space [J]. Geophys. Res. Lett.，34：L08402.

ALSDORF D，BIRKETT C，DUNNE T，et al，2001. Water level changes in a large Amazon lake measured with spaceborne radar interferometry and altimetry [J]. Geophysical Research Letters，28：2671 - 2674.

ALTENAU E H，PAVELSKY T M，MOLLER D，et al，2019. Temporal variations in river water surface elevation and slope captured by AirSWOT [J]. Remote Sensing of Environment，224：304 - 316.

BIANCAMARIA S，LETTENMAIER D P，PAVELSKY T M，2016. The SWOT mission and its capabilities for Land Hydrology [J]. Surveys in Geophysics，37：307 - 337.

BIRKETT C M，BECKLEY B，2010. Investigating the performance of the Jason-2/OSTM radar altimeter over lakes and reservoirs [J]. Marine Geodesy，33：204 - 238.

BIRKETT C M，1995. The contribution of TOPEX/POSEIDON to the global monitoring of climatically sensitive lakes [J]. Journal of Geophysical Research: Oceans，100：25179 - 25204.

BJERKLIE D M，BIRKETT C M，JONES J W，et al，2018. Satellite remote sensing estimation of river discharge: Application to the Yukon River Alaska [J]. Journal of Hydrology, 561: 1000 - 1018.

BJERKLIE D M, LAWRENCE D S, VOROSMARTY C J, et al, 2003. Evaluating the potential for measuring river discharge from space [J]. Journal of Hydrology, 278(1 - 4): 17 - 38.

BLASCO F, BELLAN M F, CHAUDHURY M U, 1992. Estimating the extent of floods in Bangladesh using SPOT data[J]. Remote Sensing of Environment, 39: 167 - 178.

BRAKENRIDGE G R, NGHIEM S V, ANDERSON E, et al, 2007. Orbital microwave measurement of river discharge and ice status [J]. Water Resources Research,43: W04405.

BRAKENRIDGE G R, NGHIEM S V, ANDERSON E, et al, 2005. Space-based measurement of river runoff [J]. Eos Trans. AGU, 86(19):185 - 188.

BRAKENRIDGE G R, TRACY B T, KNOX J C, 1998. Orbital SAR remote sensing of a river flood wave [J]. International Journal of Remote Sensing, 19: 1439 - 1445.

BRAUN A, CHENG K - C, CSATHO B, et al, 2004. ICESat laser altimetry in the Great Lakes [C]. Dayton.

CHAPMAN B, HESS L, LUCAS R, 2016. Remote sensing of water in wetlands: Inundation patterns and extent [M]. Berlin :Springer.

DE GROEVE T, BRAKENRIDG E G, PARIS S,2015. Global flood detection system data product specifications [Z]. Brussels:Joint Research Centre.

DI BALDASSARRE G, SCHUMANN G, BRANDIMARTE L, et al, 2011. Timely low resolution SAR imagery to support floodplain modelling: A case study review [J]. Surveys in Geophysics, 32: 255 - 269.

DUAN Z, BASTIAANSSEN W G M, 2013. Estimating water volume variations in lakes and reservoirs from four operational satellite altimetry databases and satellite imagery data [J]. Remote Sensing of Environment, 134: 403 - 416.

FOTEINOPOULOS P, 2009. Cubic spline interpolation to develop contours of large reservoirs and evaluate area and volume [J]. Advances in Engineering Software, 40(1): 23 - 29.

FRAPPART F, PAPA F, DA SILVA J S, et al, 2012. Surface freshwater storage and dynamics in the Amazon basin during the 2005 exceptional drought [J]. Environmental Research Letters, 7: 44010.

FRAPPART F, SEYLER F, MARTINEZ J M, et al, 2005. Floodplain water storage in the Negro River basin estimated from microwave remote sensing of inundation area and water levels [J]. Remote Sensing of Environment, 99: 387 - 399.

GLEASON C J, SMITH L C, LEE J, 2014. Retrieval of river discharge solely from satellite imagery and at-many-stations hydraulic geometry: Sensitivity to river form and optimization parameters [J]. Water Resources Research, 50: 9604 - 9619.

GLEASON C J, SMITH L C, 2014. Toward global mapping of river discharge using satellite images and at-many-stations hydraulic geometry [J]. Proceedings of the National Academy of Sciences, 111: 4788 - 4791.

GORELICK N, HANCHER M, DIXON M, et al, 2017. Google earth engine: Planetary-scale geospatial analysis for everyone [J]. Remote Sensing of Environment, 202: 18 - 27.

HAGEMANN M, GLEASON C, DURAND M, 2017. BAM: Bayesian AMHG-Manning inference of discharge using remotely sensed stream width, slope, and height [J]. Water Resources Research, 53: 9692 - 9707.

HOLLAND W R, MALANOTTE - RIZZOLI P, 1989. Assimilation of altimeter data into an ocean circulation model: Space versus time resolution studies [J]. Journal of Physical Oceanography, 19: 1507 - 1534.

HUANG Q, LONG D, DU M, et al, 2018. Discharge estimation in high-mountain regions with improved methods using multisource remote sensing: A case study of the Upper Brahmaputra River [J]. Remote Sensing of Environment, 219: 115 - 134.

ISIKDOGAN F, BOVIK A, PASSALACQUA P, 2015. Automatic channel network extraction from remotely sensed images by singularity analysis [J]. Ieee Geoscience and Remote Sensing Letters, 12: 2218 - 2221.

ISIKDOGAN F, BOVIK A, PASSALACQUA P, 2017. RivaMap: An automated river analysis and mapping engine [J]. Remote Sensing of Environment, 202: 88 - 97.

ISLAM A S, BALA S K, HAQUE M A, 2010. Flood inundation map of Bangladesh using MODIS time-series images [J]. Journal of Flood Risk Management, 3: 210 - 222.

ISLAM M D M, SADO K, 2000a. Development of flood hazard maps of Bangladesh using NOAA-AVHRR images with GIS [J]. Hydrological Sciences Journal-Journal Des Sciences Hydrologiques, 45: 337 - 355.

ISLAM M M, SADO K, 2000b. Flood hazard assessment in Bangladesh using NOAA AVHRR data with geographical information system [J]. Hydrological Processes, 14: 605 - 620.

KARPATNE A, KHANDELWAL A, CHEN X, et al, 2016. Global monitoring of inland water dynamics: State-of-the-art, challenges, and opportunities [M]// LÄSSIG J, KERSTING K, MORIK K. Computational sustainability. Berlin: Springer.

KHAN S I, HONG Y, GOURLEY J J, et al, 2014. Multi-sensor imaging and space-ground cross-validation for 2010 flood along Indus River, Pakistan [J]. Remote Sensing, 6: 2393 - 2407.

KUGLER Z, DE GROEVE T, 2007. The global flood detection system [Z]. Luxembourg :Office for Official Publications of the European Communities.

KWAK Y, PARK J, FUKAMI K, 2011. Nation-wide flood risk assessment using inundation level model and MODIS time-series imagery [C]. 2011 IEEE International Geoscience and Remote Sensing Symposium.

LEOPOLD L B, MADDOCK JR T, 1953. The hydraulic geometry of stream channels and some physiographic implications [M]. Washington: Professional Paper.

MATGEN P, SCHUMANN G, HENRY J B, et al, 2007. Integration of SAR derived river inundation areas, high-precision topographic data and a river flow model toward near real-time flood management [J]. International Journal of Applied Earth Observation and Geoinformation, 9: 247 - 263.

MEDINA C, GOMEZ - ENRI J, ALONSO J J, et al, 2010. Water volume variations in Lake Izabal (Guatemala) from in situ measurements and ENVISAT Radar Altimeter (RA - 2) and Advanced Synthetic Aperture Radar (ASAR) data products [J]. Journal of Hydrology, 382: 34 - 48.

MERCIER F, CAZENAVE A, MAHEU C, 2002. Interannual lake level fluctuations (1993—1999) in Africa from Topex/Poseidon: Connections with ocean-atmosphere interactions over the Indian Ocean [J]. Global and Planetary Change, 32: 141 - 163.

PAPA F, PRIGENT C, ROSSOW W B, 2008. Monitoring flood and discharge variations in the large Siberian Rivers from a multi-satellite technique [J]. Surveys in Geophysics, 29: 297 - 317.

PAVELSKY T M, SMITH L C, 2008. Rivwidth: A software tool for the calculation of river widths from remotely sensed imagery [J]. Ieee Geoscience and Remote Sensing Letters, 5: 70 - 73.

PITCHER L H, PAVELSKY T M, SMITH L C, et al, 2019. AirSWOT InSAR mapping of surface water elevations and hydraulic gradients across the Yukon Flats Basin, Alaska [J]. Water Resources Research, 55: 937 - 953.

RANGO A, SALOMONSON V V, 1974. Regional flood mapping from space [J]. Water Resources Research, 10: 473 - 484.

SAF B, 2009. Regional flood frequency analysis using L moments for the Buyuk and Kucuk Menderes River basins of Turkey [J]. Journal of Hydrologic Engineering, 14: 783 - 794.

SANYAL J, LU X X, 2004. Application of remote sensing in flood management with special reference to monsoon Asia: A review [J]. Natural Hazards, 33: 283 - 301.

SECKIN N, HAKTANIR T, YURTAL R, 2011. Flood frequency analysis of Turkey using L-moments method [J]. Hydrological Processes, 25: 3499 - 3505.

SHI P, CHEN X, QU S M, et al, 2010. Regional frequency analysis of low flow based on L moments: Case study in Karst Area, Southwest China [J]. Journal of Hydrologic Engineering, 15: 370 - 377.

SHI Z, HUANG C,2018. Evaluation of discharge estimation using global flood detection system [C]. IEEE.

SICHANGI A W, WANG L, YANG K, et al, 2016. Estimating continental river basin discharges using multiple remote sensing data sets [J]. Remote Sensing of Environment, 179: 36 - 53.

SICHANGI A W, WANG L, HU Z, 2018. Estimation of river discharge solely from remote-sensing derived data: An initial study over the Yangtze River [J]. Remote Sensing, 10: 1385.

SMITH L C, ISACKS B L, FORSTER R R, et al, 1995. Estimation of discharge from braided glacial rivers using ERS 1 synthetic aperture radar: First results [J]. Water Resources Research, 31: 1325 - 1329.

SMITH L C, PAVELSKY T M, 2010. Remote sensing of volumetric storage changes in lakes [J]. Earth Surface Processes & Landforms, 34: 1353 - 1358.

TARPANELLI A, BROCCA L, LACAVA T, et al, 2013. Toward the estimation of river discharge variations using MODIS data in ungauged basins [J]. Remote Sensing of Environment, 136: 47 - 55.

TOWNSEND P A, 2001. Mapping seasonal flooding in forested wetlands using multi-temporal radarsat SAR [J]. Photogrammetric Engineering and Remote Sensing, 67: 857 - 864.

TOYRA J, PIETRONIRO A, MARTZ L W, 2000. Summer flood mapping in a northern wetland using a combination of Radarsat and SPOT imagery [J]. Remote Sensing and Hydrology, 2001, 536 - 538.

TUOZZOLO S, LIND G, OVERSTREET B, et al, 2019. Estimating river discharge with swath altimetry: A proof of concept using AirSWOT observations [J]. Geophysical Research Letters, 46(3): 1459 - 1466.

VÖRÖSMARTY C J, GREEN P, SALISBURY J, et al, 2000. Global water resources: Vulnerability from climate change and population growth [J]. Science, 289: 284 - 288.

VÖRÖSMARTY C J, MCINTYRE P B, GESSNER M O, et al, 2010. Global threats to human water security and river biodiversity [J]. Nature, 467 (7315): 555 - 561.

WANG Y, COLBY J D, MULCAHY K A, 2002. An efficient method for mapping flood extent in a coastal floodplain using landsat TM and DEM data [J]. International Journal of Remote Sensing, 23: 3681 - 3696.

WARD N D, KEIL R G, MEDEIROS P M, et al, 2013. Degradation of terrestrially derived macromolecules in the Amazon River [J]. Nature Geoscience, 6(7): 530 - 533.

ZHANG G, XIE H, KANG S, et al, 2011. Monitoring lake level changes on the Tibetan Plateau using ICESat altimetry data (2003—2009) [J]. Remote Sensing of Environment, 115: 1733 - 1742.

ZHANG G, YAO T, SHUM C, et al, 2017. Lake volume and groundwater storage variations in Tibetan Plateau' s endorheic basin [J]. Geophysical Research Letters, 44: 5550 - 5560.

第 2 章　地表水遥感监测原理与方法

2.1　光学遥感监测地表水的原理与方法

2.1.1　光学遥感提取地表水的基本原理

光学遥感中，用于提取地表水的主要是被动光学遥感，所利用的能源是太阳辐射能，获取影像依赖于地物反射太阳辐射能或地物自身发射的能量（赵英时 等，2013）。光学遥感的电磁波谱范围包括可见光和红外线，不同地物对太阳光电磁辐射的波谱响应规律不同，红外波段中，与其他土地覆盖类型相比，地表水的反射率明显较低（见图 2-1），这是从光学遥感影像中提取地表水的基本依据（Huang et al.，2018a）。因此，运用一系列遥感图像处理方法突出水体反射率与其他地物反射率的差异，是光学遥感提取地表水的基本原理。

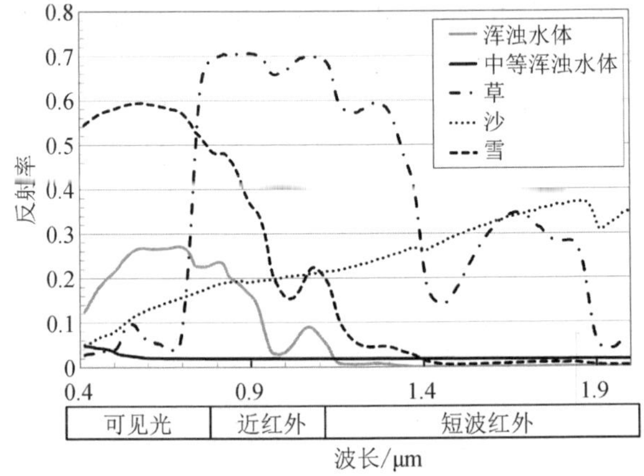

图 2-1　从美国地质调查局（USGS）数字光谱库
收集的几种典型土地覆盖物的反射率（Huang et al.，2018a）

2.1.2　主要光学遥感传感器

空间分辨率指光学影像上一个像元覆盖的地面区域，它决定传感器观测的精密程度，也是在应用不同传感器进行地表水监测中最重要的因素之一。根据空间分辨率，可将光学传感器分为三类：低分辨率传感器（>200 m）、中分辨率传感器（5 m≤分辨率≤200 m）和高分辨率传感器（<5 m）。

低分辨率传感器的精度较低，但信息概括程度很高，同时具有时间分辨率高和覆盖地表范围广的特性。NOAA/AVHRR 最初设计用于监测海洋和大气，后来发现它也能有效地探测大规模的洪水事件（Barton et al.，1989）。MODIS 传感器积累了地表水动态变化的长期记录，这些时间序列数据已被应用于监测湖泊水的变化和洪水淹没区（Huang et al.，2014b）。Suomi NPP - VIIRS 是 AVHRR 和 MODIS 在宽幅多光谱传感器的更新换代，空间分辨率从 375 m 到 1000 m 不等，可用于监测地表水和洪水，同时因其时间分辨率高而被用于近实时洪水监测（Plumb，2015）。Envisat（MERIS）收集了从 2002 年到 2012 年 300 m 分辨率的多光谱数据，已被成功用于水/洪水监测（Andreoli et al.，2007）。作为 MERIS 的后续产品，2016 年推出的 Sentinel - 3A 的海洋和陆地颜色仪（OLCI）提供了 21 个可见光和红外波段，分辨率为 300 m。

中分辨率光学传感器极大地提升了地表水提取的精度。自 1972 年启动第一次任务以来，Landsat 提供了超过 40 年的中等分辨率影像。早期 Landsat 的传感器是多光谱扫描仪（MSS），后来升级为 Landsat - 4 和 Landsat - 5 上的专题制图仪（TM）、Landsat - 7 上的增强型专题制图仪（ETM+）以及 Landsat - 8 的地表成像仪（OLI）。这些传感器的空间分辨率从 80 m 逐渐提高到 30 m（具有 15 m 分辨率全色波段），是监测地表水动态的理想选择（Deutsch et al.，1974）。此外，有相当多的研究使用 SPOT 影像来探测地表水或洪水淹没情况（Blasco et al.，1992）。其他如 HJ - 1A/B（Lu et al.，2011）和 ASTER（Sivanpillai et al.，2010）的中等分辨率传感器，在探测地表水体方面也颇为有效。Sentinel - 2 采用双星对地监测，为当前 SPOT 和 Landsat 系列提供高分辨率光学影像，旨在通过用一颗卫星在每 10 天、两颗卫星每 5 天对地球表面进行全球覆盖观测。Sentinel - 2 上的多光谱成像仪（MSI）能够提供高质量的多光谱影像，空间分辨率范围为 10～60 m（Du et al.，2016）。

ZY - 3、QuickBird、IKONOS、RapidEye、GF - 1、Worldview - 2 等高分辨率传感器都能够提供米级、亚米级的高精度影像，以此检测小水体。然而，这些传感器覆盖地表范围小，不适合提取大型水体，且影像上还存在阴影，特别是在城市或山区时会严重影响水的探测。表 2 - 1 列出了部分常用光学传感器及其核心参数，多数光学传感器易受云层遮挡或光线不足的影响，且获得的光学影像存在时空分辨率相互制约的矛盾：高空间分辨率的影像，其时间分辨率较低；而高时间分辨率的影像，其空间分辨率较低（史卓琳 等，2020）。

表 2-1 部分常用光学传感器及其核心参数(史卓琳 等, 2020)

卫星/传感器名称	数据起(止)年份	空间分辨率/m	时间分辨率/天
NOAA/AVHRR	1979—	1100	0.5
Terra/Aqua MODIS	1999—	250～1000	0.5
Suomi NPP - VIIRS	2012—	375～750	0.5
Landsat MSS/TM/ETM+/OLI	1972—	15～80	16
Sentinel - 2 MSI	2015—	10～60	5
ZY - 3	2012—	2.1～5.8	5
Planet CubeSat	2013—	3	<1

因此,结合要监测的水体尺度,选择具有适当分辨率的光学传感器至关重要。近期,CubeSat 等(Cooley et al., 2017)高时空分辨率商业小卫星群的发射,为解决一般光学影像时空分辨率相互制约的矛盾提供了有效途径。

2.1.3 光学遥感提取地表水的基本方法

基于水体的光谱反射特性,学者们先后提出了一系列提取地表水的方法。事实上,尽管在时空分辨率、影像可用性和影像质量等方面取得了长足的进步,但基于光学传感器探测洪水的基本方法自从 20 世纪 70 年代以来并没有太多变化(Chen et al., 2013),主要分为单波段方法、多波段方法和水体指数法三种。

单波段方法(Frazier et al., 2000)是利用水体表现特征最为明显的一个波段(如近红外波段)的数值作为判识参数,由阈值法或密度分割法划分水体和非水体区域。它常被用于一些空间分辨率相对较高的影像,如 Landsat 等。该方法简单易行,但存在较多的混淆信息,尤其是 MODIS 的像元覆盖范围较大,像元内地物组合复杂,使用该方法的识别精度会比较低,因此对 MODIS 影像的单个波段使用密度分割法判别水体的应用并不多见。

多波段方法则综合了多个波段的水体光谱特征,或者利用遥感影像具有的谱间差异关系来提取水体信息,代表方法有遥感分类法(Manavalan et al., 1993)和决策树法(Acharya et al., 2016)。遥感分类法就是把多波段的遥感数据分成几大地物类别,其中就包括水体(马丹, 2008; 贾明明 等, 2013)。决策树法就是要根据水体在不同波段相对于其他地物的光谱特性建立一些判别准则,从而判断像元是否代表水体(Sun et al., 2011)。周成虎等(1999)提出了基于水体光谱知识的 AVHRR 影像水体自动提取识别的水体描述模型,这类方法对水体的识别精度比单波段法有所提高,但波段的选取和判别准则的建立具有一定的难度和主观性。

水体指数法是对多波段方法的改进,它是基于多个波段上水体的光谱特征分析，选取与水体识别密切相关的几个波段，分析水体和遥感光谱之间的映射关系，构建水体指数的数学模型，然后通过相应的阈值来实现对水体信息的提取。

尽管归一化植被指数(normalized difference vegetation index, NDVI)本来是设计用来反映农作物长势和营养信息的指数(Townshend et al.，1986)，但有时也被用来探测水体(Domenikiotis et al.，2003)。NDVI 被定义为可见光中的红光(RED)波段和近红外(near-infrared, NIR)波段的标准差$\left(\text{NDVI 的值为}\frac{\lambda_{NIR}-\lambda_{RED}}{\lambda_{NIR}+\lambda_{RED}}\right)$。一般来讲，水体的 NDVI 值非常小，甚至常常表现为负数。用 NDVI 来区分水体，如何指定阈值比较关键。河道洪水的自然条件不尽相同，选取一个合适的阈值，困难主要来自两个方面：第一，水体的反射率会由于洪水中的沉积物含量的增加而显著升高；第二，裸露土壤的反射率则会因为其在潮湿季节水分增加而显著降低。这两方面的协同作用会导致水体和非水体在 NDVI 数值上的差异显著缩小。因此，简单地使用 NDVI 的阈值分割来划分淹没区和非淹没区的方法并不是到处都适用的。而且，很多其他的因素，比如说大气条件、云层覆盖和卫星的视场角等，都会影响 NDVI 的值，因此，在计算和使用 NDVI 之前，需要进行一些其他的工作来尽量降低这些因素的影响。

Gao(1996)和 McFeeters(1996)几乎在同时提出了归一化水体指数(normalized difference water index, NDWI)的概念。不过 Gao(1996)设计 NDWI 的初衷是为了探测植物的水分，它被定义为近红外波段和短波红外(shortwave infrared, SWIR)波段的标准差$\left(\text{NDWI 的值为}\frac{\lambda_{NIR}-\lambda_{SWIR}}{\lambda_{NIR}+\lambda_{SWIR}}\right)$。Xiao 等(2002，2004)后来发现这个指数对于洪水时期地表水的变化也足够敏感，就把它应用于洪水的探测并称之为地表水指数(land surface water index, LSWI)。McFeeters(1996)所提出的 NDWI 是为了区分开放水体并突出强化它们在遥感影像上的表现力，它被定义为可见光中的绿光(GREEN)波段和近红外波段的标准差$\left(\text{NDWI 的值为}\frac{\lambda_{GREEN}-\lambda_{NIR}}{\lambda_{GREEN}+\lambda_{NIR}}\right)$。在一幅 NDWI 图像上，水体一般表现为正值，而土壤和植被一般呈现 0 值或负值。NDWI 已在不少研究中被应用于区分水体(Chowdary et al.，2008；Hui et al.，2008)。然而，NDWI 还是不能够完全区分水体和一些近红外反射比绿波段反射还低的地物，比如建筑物(Xu，2006)。

为了弥补 NDWI 的缺陷，Xu(2006)提出了修正的归一化水体指数(modified normalized difference water index, mNDWI)，用短波近红外(SWIR)波段替代了 NDWI 中的近红外波段。于是，mNDWI 被定义为可见光中的绿光波段和短波近红外波段的标准差$\left(\text{mNDWI 的值为}\frac{\lambda_{GREEN}-\lambda_{SWIR}}{\lambda_{GREEN}+\lambda_{SWIR}}\right)$。mNDWI 相对于 NDWI 和使

用其他可见光波段的方法，能够更好地揭示水体的微细特征，如悬浮沉积物的分布、水质的变化。它还能够很容易地区分阴影和水体，解决了水体提取中难以消除阴影的难题。Ordoyne 等(2008)尝试用 mNDWI 进行了水体的探测。Hui 等(2008)和 Michishita 等(2012)在对我国鄱阳湖的研究中也尝试用 mNDWI 来区分水体。Chen 等(2014)使用 mNDWI 指数从 MODIS 影像上提取了洪水淹没范围。与 NDWI 一样，mNDWI 的阈值也一般设为 0，以区分水体和非水体。然而，为了达到更好的分类精度，常常也需要对阈值进行适当的调整 (Ji et al.，2009)。近年来，许多研究致力于解决这个问题。例如，有研究介绍了一种基于局部自适应阈值方案使用 NDWI 绘制冰川湖动态变化的方法(Li et al.，2012)，这种动态阈值方案也被用于 mNDWI，以生成北美的地表水掩膜(Allen et al.，2015)。有研究引入了一个名为自动水体提取指数(AWEI)的新指标(Feyisa et al.，2014)，即能够使用单一阈值从时间序列的 Landsat 图像中检测水体。其中，AWEI 包括两个指数，一是 $AWEI_{nsh}$，它在没有阴影时效果很好；二是 $AWEI_{sh}$，可进一步从阴影中区分水体像元。AWEI 已被应用于许多最近的水体提取研究(Tulbure et al.，2016)。Fisher 等人于 2016 年创建了一个基于线性判别分析的水体指数 WI_{2015}。

表 2-2 列出了部分常用水体指数及其特点(史卓琳 等，2020)，关于不同水体指数在复杂河流、湖泊地表水环境下的适用性研究，具体可参考王小标等(2018)、王大钊等(2019)的研究。

表 2-2 部分常用水体指数及其特点(史卓琳 等，2020)

水体指数	计算公式	局限性
T_{CW}	$T_{CW}=0.0315\times\lambda_{BLUE}+0.2021\times\lambda_{GREEN}+0.3102\times\lambda_{RED}+0.1594\times\lambda_{NIR}-0.6806\times\lambda_{SWIR1}-0.6109\times\lambda_{SWIR2}$	易受建筑及其阴影影响
I_{NDWI}	$I_{NDWI}=(\lambda_{GREEN}-\lambda_{NIR})/(\lambda_{GREEN}+\lambda_{NIR})$	受建筑和山体阴影影响
I_{mNDWI}	$I_{mNDWI}=(\lambda_{GREEN}-\lambda_{SWIR1})/(\lambda_{GREEN}+\lambda_{SWIR1})$	建筑物、雪有时被错提为水体
AWEI	$AWEI_{nsh}=4\times(\lambda_{GREEN}-\lambda_{SWIR1})-(0.25\times\lambda_{NIR}+2.75\times\lambda_{SWIR2})$ $AWEI_{sh}=\lambda_{BLUE}+2.5\times\lambda_{GREEN}-1.5\times(\lambda_{NIR}+\lambda_{SWIR1})-0.25\times\lambda_{SWIR2}$	高反射率地表可能被错提为水体，易受建筑噪声影响
WI_{2015}	$WI_{2015}=1.7204+171\times\lambda_{GREEN}+3\times\lambda_{RED}-70\times\lambda_{NIR}-45\times\lambda_{SWIR1}-71\times\lambda_{SWIR2}$	有时不能有效增强水体信息

注：λ_{BLUE}、λ_{GREEN}、λ_{RED}、λ_{NIR}、λ_{SWIR1}、λ_{SWIR2} 分别对应蓝、绿、红、近红外、短波红外 1、短波红外 2 波段的反射率；$AWEI_{sh}$、$AWEI_{nsh}$ 分别表示适合有阴影和无阴影场景下的水体提取。

也有一些研究尝试用不同指数的组合来区分水体。Ouma 等(2006)提出了一个基于 TCW 指数(Crist, 1985)和 NDWI 组合的水体指数,用于湖泊海岸线制图。Sakamoto 等(2007)通过 LSWI 和植被指数[NDVI 和 EVI(enhanced vegetation index,增强植被指数)]的差异识别淹没的像元。Lu 等(2011)则利用 NDVI 和 NDWI 的差值来突出水体与其周边陆地的差异,然后将其与坡度和近红外波段结合以绘制水体边界。还有研究中提出了一个水体指数(自动提取河流和湖泊的方法,AMERL)(Jiang et al. , 2014),它是将 NDWI、mNDWI、$AWEI_{sh}$ 和 $AWEI_{nsh}$ 整合在一起的指数。

事实上,不管是何种指数方法,经过适当的阈值调整,都能够得到较好的水体分类精度。不过,这样做的缺点就是需要人工的介入,无法实现批量的自动化分类,这对于利用一系列遥感影像进行持续的洪水监测或者时间序列的洪水淹没建模非常不利。

Guerschman 等(2011)提出了一个开放水体似然性(open water likelihood, OWL)指数,该指数是基于五个与水体相关的遥感与地形变量,通过拟合一个回归模型得到的。相较于现有的一些指数如 NDWI 和 mNDWI 等,OWL 指数为时间序列遥感影像上的水体提供了更为稳定的表达,这样就可以使用单一阈值探测水体,让从一系列遥感影像上自动提取洪水淹没范围成为可能。

在提取某些特殊的地表水(如河流)时,与湖泊等其他水体不同,河流一般呈细长、弯曲的形态,其宽度一般在数米至数十米之间(少数超大型河流宽度可达数百米)。因此,对大部分光学影像而言,河流边界的混合像元问题会显著降低河流水体的提取精度,常通过混合像元分解和重构方法来解决(Huang et al. , 2013)。对于混合像元的分解,线性光谱混合模型(Haertel et al. , 2005)由于物理基础明确、计算简单而应用广泛。刘晨洲等(2010)基于 MODIS 研究了一种改进的线性混合像元分解算法,结合 MODIS 温度产品和地形数据校正阴影对水体提取结果的影响,成功地突出了河流和湖泊的细节。混合像元分解之后,亚像元制图是常用的重构方法,通过不同的定位优化算法在地物相近相似的基本原理下实现不同类别亚像元在空间上的合理、重新配置。此外,水体与地形具有密切关系,亚像元级别的 DEM 数据常常可以辅助进行河流水体亚像元的制图,并取得更好的效果(Huang et al. , 2014a)。虽然混合像元分解和重构能在一定程度上解决河流边界混合像元的问题,但其在分解和重构中都会引入不确定性,导致河流水体亚像元提取结果的可靠性难以得到保证(Huang et al. , 2017)。因此,河流水体的精确提取仍需依赖遥感影像空间分辨率的提高以及面向河流特征提取算法的创新。何智勇等(2004)提出了多窗口线性保持技术,使用联合特征去噪,基于高分辨率影像获得细小河流水体信息。杨树文等(2010)基于中分辨率 TM 影像建立了多波段谱间关系法自动提取水体,有效地去除了山区阴影对山间细小河流提取的干扰。Yang 等(2014)提出了一种新的自动化多尺度河流水体识别程序,并可生成河流网络。李艳华等(2015)使用高分一号卫星影像,基于面向对象思想提取细小水体,以适应多尺度的河流水体监测。未来,细小河流水体遥感提取研究在数据和方法上的发展和创新仍将继续。

2.1.4 光学遥感监测地表水动态的基本方法

地表水常由于许多自然和人为因素而随时间缩小或扩大,这种变化对其他自然资源和人类生产活动都会产生重大影响,并进一步影响环境(Karpatne et al., 2016)。因此,对地表水动态的时空监测对于掌握全球或区域水资源可用性至关重要,可以为把握水资源储存的自然过程提供支撑。很多研究使用多时相遥感影像来实现对地表水动态的时空监测(Heimhuber et al., 2016)。曾有研究使用时间序列的 MODIS 影像评估 2000 年至 2010 年鄱阳湖的地表水面积(Feng et al., 2012),发现湖泊面积在此期间变化极大。

为了实现地表水动态的时空监测,变化监测通常是第一选择。通常有两类变化监测方法:第一种是对在不同时间获取的多个图像进行分类,然后比较分类结果(即先分类后比较方案),以识别水体扩大或缩小的区域(Du et al., 2012);第二种是直接比较在不同时间获得的图像,然后将比较结果分为不同的变化状态(即先比较后分类方案)。先分类后比较是传统的方法,并已被广泛用于地表水时空监测的研究,这种方法通常需要进行大量的分类工作,并且在分类结果的比较过程中积累了大量误差。因此,越来越多的研究开始探索第二种分类方案,且研究者采用了不同的方法,如图像差分(Wang, 2004)、主成分分析(Gianinetto et al., 2006)及变化向量分析(Huang et al., 2016)等。同时,如 Google Earth Engine (Gorelick et al., 2017)和 Data Cube (Lewis et al., 2017)等遥感云计算平台也为实现大尺度、长时序的地表水动态遥感监测提供了高效手段。

2.2 微波遥感监测地表水的原理与方法

2.2.1 微波遥感提取地表水的基本原理

微波遥感技术可以很好地穿透云层,因此在光学遥感受制于天气原因时可以提供对地表水更有效的探测。被动微波遥感传感器(如 AMSR - E)通过地面目标返回的亮度温度信息来测算地面像元的含水量，空间分辨率较低(约 25 km)，但具有极高的时间分辨率(小于 1 天)，一般用于全球尺度地表水或大型的洪水提取(Prigent et al.，2007；Papa et al.，2010)。主动微波遥感在地表水提取中比较常用，通过微波遥感传感器主动向地物发射脉冲信号，能够提供地表的粗糙度、地形、湿度情况以及植被生长等信息。它对平滑公路、机场跑道、平静水面具有镜面反射作用，其微波影像上呈黑色调；而高低起伏大于 3 cm 的粗糙地表(如翻耕后的耕地)具有后向反射作用，呈浅色调。土壤中的水分含量越高，其介电常数越大，在影像上的色调就越浅。当洪水淹没发生时，在起伏地形的控制下，地表从未淹没区向淹没区过渡，土壤中水分逐渐接近饱和，其影像色调由灰色向灰白色过渡；当洪水完全淹没地表时，影像色调则变成深灰或黑色，这是使用微波遥感提取地表水的基本原理(孙家柄，2009)。

2.2.2　主要微波遥感传感器

应用于水体提取的微波传感器大多为主动微波传感器，以合成孔径雷达(synthetic aperture radar，SAR)为代表。目前，ERS－1、ERS－2 (Hsiao et al.，2016)、RadarSat－1 和 RadarSat－2 等卫星获取的 SAR 数据已广泛应用于水体提取。改进的 RadarSat－2/ASAR 增强了立体成像能力，具有多成像模式、多极化方式的特点，在空间分辨率、空间动态信息获取能力上均有进一步提升。近期，Sentinel－1 卫星搭载的 SAR 可获得空间分辨率高达 5 m×20 m 的影像，支持双极化模式，其双星系统可实现近 6 天的重访周期，对水体提取研究具有较高的应用价值(Torres et al.，2012)。表 2－3 列出了部分常用的星载 SAR 传感器及其关键参数(史卓琳 等，2020)。Musa 等(2015)对微波遥感平台及传感器用于水文研究的实例做了详细总结。

表 2－3　部分常用 SAR 传感器及其关键参数(史卓琳 等，2020)

卫星/传感器	数据起(止)年份	极化方式	空间分辨率/m	卫星重访周期/天
ERS－1/SAR	1991—2000	VV	30	35
ERS－2/SAR	1995—2010	VV	30	35
RadarSat－1/SAR	1995—2013	HH	8～100	1～3
RadarSat－2/ASAR	2007—	HH、VV、HV、VH	1～100	1～3
Sentinel－1/SAR	2014—	HH、VV、HH－HV、VH－VV	5×20	6

2.2.3 微波遥感提取地表水的基本方法

基于水体在SAR影像上的特征进行人工识别,简单目视解译法可得到比较精确的结果,但往往耗时耗力。基于数学、图像学、计算机模式识别,自动分类法、自动逻辑回归法、图像纹理算法、多时相变化检测、阈值法等显著提升了基于SAR影像提取水体范围的效率(Schumann et al., 2015)。其中,阈值法能够迅速提取水体边界,适用于时效性要求高的提取研究,因而应用最为广泛。李晟铭等(2018)使用李景刚等(2010)提出的改进最大类间方差阈值法从Sentinel-1的SAR影像中提取了长江中下游洪水淹没的范围,实现了快速灾情评估。更多实例研究、提取方法及其优缺点对比可参考Shen等(2019b)的研究。然而,使用SAR监测地表水的算法在设计上更加困难,迄今为止,不需要人为干预的纯自动化算法几乎为零。

近年来,一些研究开始关注植被下部、半淹没的湿地及城市区域的洪水探测方法。Ormsby等(1985)评估了植被冠层下的洪水后向散射差异。Martinis等(2015)分析了多时相SAR数据对不同地表覆盖类型的敏感性,并得出结论,X波段只能用于监测叶期的稀疏植被或森林下的淹没,而L波段虽然具有更好的穿透性,但后向散射增强的范围非常广,这模糊了分类的可靠性。Townsend(2001)利用Radarsat-1与地面数据训练决策树来识别森林下方的洪水。Horritt等(2003)将增强的C波段后向散射和同极化的相位差(HH-VV)输入活动轮廓法以提取水体。Pulvirenti等(2013)结合了模糊逻辑分类器和分割方法,使用COSMO-SkyMed监测植被区的洪水。具体而言,由于植被种类、结构以及落叶和落叶条件不同,因此确定后向散射增强的阈值难以实现自动化。城市洪水监测的主要挑战仍然是数据可用性。关于城市洪水监测的研究很少,由于许多建筑物属于垂直结构,因此使用强度增强来监测城市淹没的可能性与识别植被下部的洪水有一些相似之处。与植被的对称结构相比,不对称的建筑结构带来了另一个挑战。

此外,使用SAR提取地表水时,其误差可能源于三方面,即水体相似地物、类似噪声的斑点和几何校正(Shen et al., 2019a)。由于水体并不是唯一使雷达波发生镜面反射的地物,周边也可能有阴影影响,因此这些均可引起水体识别的误报或过度监测。几乎所有SAR都会遇到类似噪声的斑点,在许多情况下,这被认为是SAR相对于光学传感器的主要缺点。

2.2.4 微波遥感监测地表水动态的基本方法

由于微波遥感对地表水的敏感性高,且对太阳光线和大气污染的敏感性低,因此它也非常适合进行地表水动态的变化监测(Birkett, 2002),可有效判别出 SAR 影像对地表水的过度监测,能提升水体监测精度,模拟地表水动态过程。Shen 等(2019a)提出了一种改进的变化监测方法,采用多个洪水前 SAR 影像和多准则方法来避免水体误判,同时减少斑点的影响。在传感器方面,除应用主动 SAR 传感器对地表水动态进行分析之外,被动微波传感器也发挥了不可忽视的作用,如 Watts 等(2012)使用被动微波传感器 AMSR－E 对北极-北方地区 2003—2010 年的地表水淹没变化进行了有效捕捉。此外,集成了 TRMM、GPM 降雨数据与 AMSR－E 等数据的全球洪水监测系统(global flood detection system, GFDS)亦可为地表水动态,特别是洪水淹没变化提供新的研究途径(Brakenridge et al., 1998; De Groeve et al., 2015)。

2.3 其他遥感手段监测地表水的原理与方法

2.3.1 卫星高度计反演地表水水位的基本原理

地表水的水位是水域表面高程值,可通过星载激光高度计与雷达高度计反演。激光具有亮度高、单色性好、射束狭窄、分辨力和抗干扰能力强的特点,已广泛应用于距离测量,也可用于水位测量(卢乃锰 等, 2016)。星载激光高度计主动向地表发射激光脉冲,通过计算回波信号的时长与信号传播速度来确定水位。同时,雷达高度计发射的微波波长较长,具有穿云透雾的特点,可以不受云层影响到达水域表面,进而以与星载激光高度计相似的原理获得水域的水位信息。

2.3.2 主要卫星高度计

已有的星载激光高度计中,ICESat/GLAS 已广泛用于水位测高(范春波 等, 2005),但由于工作寿命、重访周期和时间跨度等限制,目前 ICESat/GLAS 已难以适应水位监测的新形势。2018 年 9 月发射的 ICESat－2 (Markus et al., 2017)搭载了高级地形激光测高仪 ATLAS,每秒发射的脉冲次数显著增加,使地面采样间隔显著减小。此外,中国于 2019 年发射的光学立体测绘卫星高分七号也将带来更先进的激光测高数据。这些新兴的卫星计划都将为水位监测提供更加优质的数据源。

雷达波长较长,可不受云层遮挡影响而进行水位的监测。已有的雷达高度计中,如 Geosat、TOPEX/Posieden、ENVISAT、Jason、CryoSat 等均已用于水位监测(卢善龙 等, 2010)。此外,于 2010 年发射的 CryoSat－2,搭载了合成孔径干涉雷达高度计、多普勒定位及无线电定位系统等,有效提升了水位测高精度。水位测量中,受传感器发射的波束宽度限制,星载雷达水位监测一般只能应用在大型河流湖泊中。很多时候,往往将雷达水位与其他水位观测数据相结合,以获得更好的水位观测效果。例如,Koblinsky 等(1993)结合雷达监测与实测数据对亚马孙流域水位进行研究。Villadsen 等(2015)通过对比 CryoSat - 2 和 ENVISAT 在 Ganges-Brahmaputra 流域的水位监测效果,发现二者具有较好的一致性,结合两种数据可实现对该流域更加密集、更加优化的水位监测。Ekeu-wei 等(2018)利用星载雷达高度计对尼日利亚尼日尔河的水位进行监测,且通过与地面实测水位进行对比发现,高水位时期,雷达测量水位的精度相对更高。同时,为了进一步提高水位测量的精度,水位反演方法的研究也是该领域的重要内容,如赵云等 (2017)提出了基于星载雷达高度计波形数据重构的算法,以反演精确水位信息。

此外,地表水水位也可通过地表水和海洋地形计划(surface water ocean topography, SWOT)卫星获取(Biancamaria et al., 2016),此卫星可获得接近全球范围(约 78°S~78°N)的高时空分辨率的海洋与地表水的表面高程、水面比降及水体范围。

2.4 小结

在地表水范围的遥感提取及动态研究中,多数光学和微波传感器均可实现较好的提取效果,而对于形状蜿蜒复杂的细小河流及湖泊边界等水体,则需要遥感数据本身的空间分辨率和地表水提取算法两方面的努力。

目前,大部分可免费公开获取的光学遥感数据均存在时空分辨率相互制约的矛盾,难以满足高频率、高精度的地表水动态监测需求。为解决这一问题,一方面可借助混合像元分解与重构、影像时空融合等技术手段,另一方面可使用 CubeSat 等商业小卫星提供的高时空分辨率数据。

微波传感器一定程度上可以克服光学传感器易受光线、天气条件影响的不足,但对于受植被、城市高楼或高山遮挡的非开阔水体,无论是光学还是微波遥感都受到了较大限制。面对这类问题,一方面,可以结合一些辅助数据,比如地形数据等提高水体提取的准确性;另一方面,还可以融合多源遥感数据,发挥其各自的优势,从而改善水体提取的效果。

星载激光高度计与雷达高度计均为地表水水位遥感监测提供了高效便捷的技术手段,其中,激光测高应用广泛,数据密度较大,内陆水体的水位数据可用性较强，但无法获得较早年份的水位信息；雷达测高可以获得较早年份的水位信息，但雷达波束宽度限制观测河宽，常适用于大型地表水的水位观测，水位精确反演算法难度较大。

综上所述，新型遥感数据在地表水监测中的应用愈加广泛，在空间分辨率、时间分辨率或光谱分辨率等方面不断突破，进一步丰富了地表水研究的数据来源。未来，如何更加高效地集成多源遥感数据，结合多类型的辅助数据、大数据与云计算方法（如 Google Earth Engine、Data Cube）实现更高精度、更加全面、自动化的地表水监测，将是该领域发展的重要方面。如何有效、合理地使用这些技术为水文水资源评价、气候生态响应等相关研究提供辅助，为水利工程建设服务，是未来仍需继续思考和探索的问题。

参考文献

范春波，李建成，王丹，等，2005. 激光高度计卫星 ICESAT 在地学研究中的应用[J]. 大地测量与地球动力学，25 (02)：94 - 97.

何智勇，章孝灿，黄智才，等，2004. 一种高分辨率遥感影像水体提取技术[J]. 浙江大学学报(理学版)，31 (06)：701 - 707.

贾明明，刘殿伟，王宗明，等，2013. 面向对象方法和多源遥感数据的杭州湾海岸线提取分析[J]. 地球信息科学学报，15 (02)：262 - 269.

李晟铭，刘吉平，王铭，等，2018. 基于 Sentinel - 1A 的 2016 年长江中下游重灾区洪水遥感监测及灾情评估[J]. 安徽农业科学，46 (10)：68 - 74.

李景刚，黄诗峰，李纪人，2010. ENVISAT 卫星先进合成孔径雷达数据水体提取研究:改进的最大类间方差阈值法[J]. 自然灾害学报，19 (03)：139 - 145.

李艳华，丁建丽，闫人华，2015. 基于国产 GF - 1 遥感影像的山区细小水体提取方法研究[J]. 资源科学，37 (02)：408 - 416.

刘晨洲，施建成，高帅，等，2010. 基于改进混合像元方法的 MODIS 影像水体提取研究[J]. 遥感信息，107 (01)：84 - 88.

卢乃锰，闵敏，董立新，等，2016. 星载大气探测激光雷达发展与展望[J]. 遥感学报，20 (01)：1 - 10.

卢善龙，吴炳方，闫娜娜，等，2010. 河川径流遥感监测研究进展[J]. 地球科学进展，25 (08)：820 - 826.

马丹，2008. 基于 MODIS 数据的水体提取研究[J]. 地理空间信息，6 (1)：25 - 28.

史卓琳，黄昌，2020. 河流水情要素遥感研究进展[J]. 地理科学进展，39 (04)：670 - 684.

孙家柄，2009. 遥感原理与应用[M]. 武汉：武汉大学出版社.

王大钊，王思梦，黄昌，2019. Sentinel - 2 和 Landsat8 影像的四种常用水体指数地表水体提取对比[J]. 国土资源遥感，31 (03)：157 - 165.

王小标，谢顺平，都金康，2018. 水体指数构建及其在复杂环境下有效性研究[J]. 遥感学报，22 (02)：360 - 372.

杨树文，薛重生，刘涛，等，2010. 一种利用 TM 影像自动提取细小水体的方法[J]. 测绘学报，39 (06)：611 - 617.

赵英时，等，2013. 遥感应用分析原理与方法[M]. 2 版. 北京：科学出版社.

赵云，廖静娟，沈国状，等，2017. 卫星测高数据监测青海湖水位变化[J]. 遥感学报，21 (04)：633 - 644.

周成虎，骆剑承，杨晓梅，1999. 遥感影像地学理解与分析[M]. 北京：科学技术出版社.

ACHARYA T D, LEE D H, YANG I T, et al, 2016. Identification of water bodies in a landsat 8 OLI image using a J48 decision tree [J]. Sensors, 16(7): 1075.

ALLEN G H, PAVELSKY T M, 2015. Patterns of river width and surface area revealed by the satellite-derived North American River Width data set [J]. Geophysical Research Letters, 42(2): 395 - 402.

ANDREOLI R, YESOU H, LI J, et al, 2007. Inland lake monitoring using low and medium resolution ENVISAT ASAR and optical data: Case study of Poyang Lake (Jiangxi, P. R. China) [C]. 2007 IEEE International Geoscience and Remote Sensing Symposium.

BARTON I J, BATHOLS J M, 1989. Monitoring floods with AVHRR[J]. Remote Sensing of Environment, 30(1): 89 - 94.

BIANCAMARIA S, LETTENMAIER D P, PAVELSKY T M, 2016. The SWOT mission and its capabilities for land hydrology [J]. Surveys in Geophysics, 37: 307 - 337.

BIRKETT C M, 2002. Surface water dynamics in the Amazon Basin: Application of satellite radar altimetry[J]. Journal of Geophysical Research Atmospheres, 107(D20): 21 - 26.

BJERKLIE D M, BIRKETT C M, JONES J W, et al, 2018. Satellite remote sensing estimation of river discharge: Application to the Yukon River Alaska [J]. Journal of Hydrology, 561: 1000 - 1018.

BLASCO F, BELLAN M F, CHAUDHURY M U, 1992. Estimating the extent of floods in Bangladesh using SPOT data[J]. Remote Sensing of Environment, 39: 167 - 178.

BRAKENRIDGE G R, TRACY B T, KNOX J C, 1998. Orbital SAR remote sensing of a river flood wave [J]. International Journal of Remote Sensing, 19: 1439 - 1445.

CHEN Y, HUANG C, TICEHURST C, et al, 2013. An evaluation of MODIS daily and 8 - day composite products for floodplain and wetland inundation mapping [J]. Wetlands, 33(5): 823 - 835.

CHEN Y, WANG B, POLLINO C A, et al, 2014. Estimate of flood inundation and retention on wetlands using remote sensing and GIS [J]. Ecohydrology, 7 (5): 1412 - 1420.

CHOWDARY V M, CHANDRAN R V, NEETI N, et al, 2008. Assessment of surface and sub-surface waterlogged areas in irrigation command areas of Bihar state using remote sensing and GIS [J]. Agric Water Manage, 95(7): 754 - 766.

COOLEY S, SMITH L, STEPAN L, et al, 2017. Tracking dynamic northern surface water changes with high-frequency planet cub-esat imagery [J]. Remote Sensing, 9(12): 1306.

CRIST E P, 1985. A TM tasseled cap equivalent transformation for reflectance factor data [J]. Remote Sensing of Environment, 17(3): 301 - 306.

DE GROEVE T B R G, PARIS S, 2015. Global flood detection system: Data product specifications [M]. Ispra: Joint Research Centre Technical Report.

DEUTSCH M, RUGGLES F, 1974. Optical data processing and projected applications of the ERTS-1 imagery covering the 1973 Mississippi River Valley floods [J]. Water Resources Bulletin, 10(5): 1023 - 1039.

DOMENIKIOTIS C, LOUKAS A, DALEZIOS N R, 2003. The use of NOAA/AVHRR satellite data for monitoring and assessment of forest fires and flood [J]. Nat Hazards Earth Syst Sci, 3: 115 - 128.

DU Y, ZHANG Y, LING F, et al, 2016. Water bodies' mapping from Sentinel - 2 imagery with modified normalized difference water index at 10 m spatiresolution produced by sharpening the SWIR band [J]. Remote Sensing, 8(4): 354.

DU Z, LING H B, LING F, et al, 2012. Estimating surface water area changes using time-series landsat data in the Qingjiang River Basin, China [J]. Journal of Applied Remote Sensing, 6(1): 3609.

EKEU-WEI I T, BLACKBURN G A, 2018. Applications of open-access remotely sensed data for flood modelling and mapping in developing regions[J]. Hydrology, 5(3): 39.

FENG L, HU C M, CHEN X L, et al, 2012. Assessment of inundation changes of Poyang Lake using MODIS observations between 2000 and 2010 [J]. Remote Sensing of Environment, 121: 80 - 92.

FEYISA G L, MEILBY H, FENSHOLT R, et al, 2014. Automated water extraction index: A new technique for surface water mapping using landsat imagery [J]. Remote Sensing of Environmen, 140: 23 - 35.

FISHER A, FLOOD N, DANAHER T, 2016. Comparing landsat water index methods for automated water classification in eastern Australia [J]. Remote Sensing of Environment, 175: 167 - 182.

FRAZIER P, PAGE K, 2000. Water body detection and delineation with landsat TM data[J]. Photogrammetric Engineering and Remote Sensing, 66: 1461 - 1467.

GALLANT J C, DOWLING T I,2003. A multiresolution index of valley bottom flatness for mapping depositional areas [J]. Water Resources Research, 39 (12): 1347 - 1360.

GAO B C, 1996. NDWI—A normalized difference water index for remote sensing of vegetation liquid water from space[J]. Remote Sensing of Environment, 58 (3): 257 - 266.

GIANINETTO M, VILLA P, LECHI G, 2006. Postflood damage evaluation using landsat TM and ETM plus data integrated with DEM [J]. Ieee Transactions on Geoscience and Remote Sensing, 44(1): 236 - 243.

GLEASON C J, DURAND M T, 2020. Remotesensing of river discharge: A review and a framing for the discipline[J]. Remote Sensing, 12(7): 1107.

GORELICK N, HANCHER M, DIXON M, et al, 2017. Google Earth Engine: Planetary-scale geospatial analysis for everyone [J]. Remote Sensing of

Environment, 202: 18 - 27.

GUERSCHMAN J, WARREN G, BYRNE G, et al, 2011. MODIS-based standing water detection for flood and large reservoir mapping: Algorithm development and applications for the Australian continent [Z]. Canberra: Water for a Healthy Country National Research Flagship Report. CSIRO.

HAERTEL V F, SHIMABUKURO Y E, 2005. Spectral linear mixing model in low spatial resolution image data [J]. Ieee Transactions on Geoscience and Remote Sensing, 43(11):159 - 163.

HEIMHUBER V, TULBURE M G, BROICH M, 2016. Modeling 25 years of spatio-temporal surface water and inundation dynamics on large river basin scale using time series of earth observation data [J]. Hydrology and Earth System Sciences, 20(6): 2227 - 2250.

HORRITT M S, MASON D C, COBBY D M, et al, 2003. Waterline mapping in flooded vegetation from airborne SAR imagery [J]. Remote Sensing of Environment, 85(3): 271 - 281.

HSIAO Y S, HWANG C, CHENG Y S, et al, 2016. High-resolution depth and coastline over major atolls of South China Sea from satellite altimetry and imagery[J]. Remote Sensing of Environment, 176: 69 - 83.

HUANG C, CHEN Y, WU J, 2013. A dem-based modified pixel swapping algorithm for floodplain inundation mapping at subpixel scale[C]. 2013 IEEE International Geoscience and Remote Sensing Symposium-IGARSS.

HUANG C, CHEN Y, WU J P, 2014b. Mapping spatio-temporal flood inundation dynamics at large river basin scale using time-series flow data and MODIS imagery [J]. International Journal of Applied Earth Observation and Geoinformation, 26(0): 350 - 362.

HUANG C, CHEN Y, ZHANG S Q, et al, 2018a. Detecting, extracting, and monitoring surface water from space using optical sensors: A review [J]. Reviews of Geophysics,56 (2): 333 - 360.

HUANG C, CHEN Y, ZHANG S, et al, 2017. Spatial downscaling of Suomi NPP - VIIRS image for lake mapping[J]. Water, 9(11): 834.

HUANG C, CHEN Y, WU J P, 2014a. DEM-based modification of pixel-swapping algorithm for enhancing floodplain inundation mapping [J].

International Journal of Remote Sensing,35(1): 365 – 381.

HUANG C, ZAN X, YANG X, et al,2016. Surface water change detection using change vector analysis[C]. 2016 IEEE International Geoscience and Remote Sensing Symposium (IGARSS).

HUANG Q, LONG D, DU M, et al, 2018b. Discharge estimation in high-mountain regions with improved methods using multisource remote sensing: A case study of the Upper Brahmaputra River [J]. Remote Sensing of Environment, 219: 115 – 134.

HUI F M, XU B, HUANG H B, et al, 2008. Modelling spatial-temporal change of Poyang Lake using multitemporal landsat imagery [J]. International Journal of Remote Sensing, 29(20): 5767 – 5784.

JI L, ZHANG L, WYLIE B, 2009. Analysis of dynamic thresholds for the normalized difference water index [J]. Photogrammetric Engineering and Remote Sensing, 75(11): 1307 – 1317.

JIANG H, FENG M, ZHU Y, et al, 2014. An automated method for extracting rivers and lakes from landsat imagery[J]. Remote Sensing, 6(6): 5067 – 5089.

KARPATNE A, KHANDELWAL A, CHEN X, et al, 2016. Global monitoring of inland water dynamics: State-of-the-art, challenges, and opportunities[M]// LÄSSIG J, KERSTING K, MORIK K. Computational sustainability. Cham: Springer International Publishing.

KOBLINSKY C J, CLARKE R T, BRENNER A C, et al, 1993. Measurement of river level variations with satellite altimetry[J]. Water Resources Research, 29(6): 1839 – 1848.

LEWIS A, OLIVER S, LYMBURNER L, et al, 2017. The Australian geoscience Data Cube-Foundations and lessons learned [J]. Remote Sensing of Environment,202: 276 – 292

LI J, SHENG Y, 2012. An automated scheme for glacial lake dynamics mapping using landsat imagery and digital elevation models: A case study in the Himalayas [J]. International Journal of Remote Sensing, 33(16): 5194 – 5213.

LU S, WU B, YAN N, et al, 2011. Water body mapping method with HJ-1A/B satellite imagery [J]. International Journal of Applied Earth Observation and Geoinformation, 13(3): 428 – 434.

MANAVALAN P, SATHYANATH P, RAJEGOWDA G L, 1993. Digital image analysis techniques to estimate waterspread for capacity evaluations of reservoirs [J]. Photogrammetric Engineering & Remote Sensing, 59(9): 1389 - 1395.

MARKUS T, NEUMANN T, MARTINO A, et al, 2017. The ice, cloud, and land elevation satellite-2 (ICESat - 2): Science requirements, concept, and implementation[J]. Remote Sensing of Environment, 190: 260 - 273.

MARTINIS S, RIEKE C, 2015. Backscatter analysis using multi-temporal and multi-frequency SAR data in the context of flood mapping at River Saale, Germany[J]. Remote Sensing, 7(6): 7732 - 7752.

MCFEETERS S K, 1996. The use of the normalized difference water index (NDWI) in the delineation of open water features [J]. International Journal of Remote Sensing, 17(7): 1425 - 1432.

MICHISHITA R, GONG P, XU B, 2012. Spectral mixture analysis for bisensor wetland mapping using landsat TM and Terra MODIS data [J]. International Journal of Remote Sensing, 33(11): 3373 - 3401.

MUSA Z N, POPESCU I, MYNETT A, 2015. A review of applications of satellite SAR, optical, altimetry and DEM data for surface water modelling, mapping and parameter estimation [J]. Hydrology and Earth System Sciences, 19(9): 3755 - 3769.

ORDOYNE C, FRIEDL M A, 2008. Using MODIS data to characterize seasonal inundation patterns in the Florida Everglades [J]. Remote Sensing of Environment, 112(11): 4107 - 4119.

ORMSBY J P, BLANCHARD B J, BLANCHARD A J, 1985. Detection of lowland flooding using active microwave systems [J]. Photogrammetric Engineering and Remote Sensing, 51: 317 - 328.

OUMA Y O, TATEISHI R, 2006. A water index for rapid mapping of shoreline changes of five East African Rift Valley lakes: An empirical analysis using landsat TM and ETM+data [J]. International Journal of Remote Sensing, 27 (15): 3153 - 3181.

OZESMI S L, BAUER M E, 2002. Satellite remote sensing of wetlands [J]. Wetlands Ecology and Management, 10(5): 381 - 402.

PAPA F, PRIGENT C, AIRES F, et al, 2010. Interannual variability of surface water extent at the global scale, 1993—2004 [J]. Geophys. Res. Atmos. : 115:1 - 17.

PARIS A, DIAS D P R, SANTOS D S J, et al, 2016. Stage-discharge rating curves based on satellite altimetry and modeled discharge in the Amazon basin [J]. Water Resour. Res. ,52: 3787 - 3814.

PLUMB E,2015. River ice and flood detection products derived from Suomi NPP VIIRS satellite data to support hydrologic forecast operations in Alaska[Z]// San Francisco:2015 AGU Fall Meeting.

PRIGENT C, PAPA F, AIRES F, et al, 2007. Global inundation dynamics inferred from multiple satellite observations, 1993—2000 [J]. Journal of Geophysical Research-Atmospheres,112(D12): 1103 - 1118.

PULVIRENTI L, PIERDICCA N, CHINI M, et al, 2013. Monitoring flood evolution in vegetated areas using cosmo-skymed data: The tuscany 2009 case study [J]. IEEE Journal of Selected Topics in Applied Earth Observations and Remote Sensing, 6(4): 1807 - 1816.

SAKAMOTO T, VAN NGUYEN N, KOTERA A, et al, 2007. Detecting temporal changes in the extent of annual flooding with in the Cambodia and the Vietnamese Mekong Delta from MODIS time-series imagery [J]. Remote Sensing of Environment, 109(3): 295 - 313.

SCHUMANN G J P, MOLLER D K, 2015. Microwave remote sensing of flood inundation [J]. Physics and Chemistry of the Earth, Parts A/B/C, 83 - 84: 84 - 95.

SHEN X, ANAGNOSTOU E N, ALLEN G H, et al, 2019a. Near-real-time non-obstructed flood inundation mapping using synthetic aperture radar[J]. Remote Sensing of Environment, 221: 302 - 315.

SHEN X, WANG D, MAO K, et al, 2019b. Inundation extent mapping by synthetic aperture radar: A Review [J]. Remote Sensing,11: 879.

SIVANPILLAI R, MILLER S N, 2010. Improvements in mapping water bodies using ASTER data [J]. Ecological Informatics, 5(1): 73 - 78.

SUN D L, YU Y Y, GOLDBERG M D, 2011. Deriving water fraction and flood maps from MODIS images using a decision tree approach [J]. IEEE J Scl Top Appl Earth Observ Remote Sens, 4(4): 814 - 825.

TORRES R, SNOEIJ P, GEUDTNER D, et al, 2012. GMES Sentinel - 1 mission[J]. Remote Sensing of Environment, 120: 9 - 24.

TOURIAN M, SCHWATKE C, SNEEUW N, 2017. River discharge estimation at daily resolution from satellite altimetry over an entire river basin [J]. Journal of Hydrology, 546: 230 - 247.

TOWNSEND P, 2001. Mapping seasonal flooding in forested wetlands using multi-temporal radarsat SAR [J]. Photogrammetric Engineering and Remote Sensing, 67: 857 - 864.

TOWNSHEND J R G, JUSTICE C O, 1986. Analysis of the dynamics of African vegetation using the normalized difference vegetation index [J]. International Journal of Remote Sensing, 7(11): 1435 - 1445.

TULBURE M G, BROICH M, STEHMAN S V, et al, 2016. Surface water extent dynamics from three decades of seasonally continuous landsat time series at subcontinental scale in a semi-arid region [J]. Remote Sensing of Environment, 178: 142 - 157.

TUOZZOLO S, LIND G, OVERSTREET B, et al, 2019. Estimating river discharge with swath altimetry: A proof of concept using AirSWOT observations [J]. Geophysical Research Letters, 46(3): 1459 - 1466.

VILLADSEN H, ANDERSEN O B, STENSENG L, et al, 2015. Cryosat-2 altimetry for river level monitoring—Evaluation in the ganges-Brahmaputra River basin [J]. Remote Sensing of Environment, 168: 80 - 89.

WANG Y, 2004. Using landsat 7 TM data acquired days after a flood event to delineate the maximum flood extent on a coastal floodplain [J]. International Journal of Remote Sensing, 25(5): 959 - 974.

WATTS J D, KIMBALL J S, JONES L A, et al, 2012. Satellite microwave remote sensing of contrasting surface water inundation changes with in the Arctic-Boreal Region[J]. Remote Sensing of Environment, 127: 223 - 236.

XIAO X, ZHANG Q, BRASWELL B, et al, 2004. Modeling gross primary production of temperate deciduous broadleaf forest using satellite images and climate data [J]. Remote Sensing of Environment, 91(2): 256 - 270.

XIAO X, BOLES S, FROLKING S, et al, 2002. Observation of flooding and rice transplanting of paddy rice fields at the site to landscape scales in China using vegetation sensor data [J]. International Journal of Remote Sensing, 23(15):

3009－3022.

XU H, 2006. Modification of normalised difference water index (NDWI) to enhance open water features in remotely sensed imagery[J]. International Journal of Remote Sensing, 27(14): 3025－3033.

YANG K, LI M, LIU Y, et al, 2014. River delineation from remotely sensed imagery using a multi-scale classification approach[J]. IEEE Journal of Selected Topics in Applied Earth Observations and Remote Sensing, 7(12): 4726－4737.

YOON Y, GARAMBOIS P A, PAIVA R C D, et al, 2016. Improved error estimates of a discharge algorithm for remotely sensed river measurements: Test cases on Sacramento and Garonne Rivers[J]. Water Resources Research, 52(1): 278－294.

第3章　面向地表水提取的混合像元分解与重构

3.1　研究背景

Landsat 是地表水制图中最常用的遥感数据源之一，其时间序列长、空间分辨率适中。然而，由于 Landsat 时间分辨率较低，可能会错过一些快速的地表水动态，特别是那些由洪水事件引起的淹没过程。Suomi NPP - VIIRS 是新一代中低空间分辨率、高时间分辨率的地球观测卫星系统，其中有大量的混合像元，包含水体、植被、裸地或其他土地覆盖类型的某种组合，传统的分类方法或用水体指数区分水体和非水体像元的方法并不适用。可见，常用光学传感器中，高空间分辨率和高时间分辨率不可兼得的问题给地表水遥感研究带来了很多困扰。混合像元分解与重构，是面对空间分辨率较低的影像，通过混合像元分解和亚像元重构两个部分的工作，实现对低空间分辨率像元地表探测的亚像元级别重构，在保持原数据高时间分辨率的基础上，尽可能地提高地物探测的空间分辨率和精度，达到高时空分辨率监测的目标。

对于水陆混合像元，其混合像元分解的目的是估算其中的水的比例（丰度），一般基于光谱混合模型通过软分类方法来实现。线性光谱混合模型（linear spectral mixture model，LSMM）是最常用的模型之一。Sheng 等（2001）提出了一个基于 LSMM 变换估算 NOAA/AVHRR 图像水丰度的简单公式。

混合像元分解后得出的端元丰度图仅表示每个像元内相同类的比例，而不指定类的位置。因此，类别的定位通常通过亚像元制图来完成，将水体丰度空间插值到低分辨率混合像元中，但这通常会产生大量小图斑。目前，亚像元制图方面已有很多优化的算法，如 Hopfield 神经网络算法、遗传算法、像元交换算法、像元吸引模型以及粒子群优化算法等。这些算法可用于任何类型的土地覆盖，特别是对于地表水亚像元制图有一些特定的方法，如用于湖泊水域范围制图的方法（Huang et al.，2017）以及与地形信息相结合的方法（Huang et al.，2014）。这些方法都利用了地表水空间分布、地形依赖等的特殊性质，得到了比常规亚像元制图方法更好的结果。

到目前为止，大多数研究都集中在单个步骤上，无论是像元解混还是亚像元制图，每个步骤中的不确定性会不可避免地成倍增加，一旦这两个步骤结合在一起时，不确定性就难以评估。本部分从混合像元分解与重构的机理出发，提出了面向地表水体提取的混合像元分解与重构方法体系，针对低空间分辨率的 Suomi NPP - VIIRS，通过选择具有代表性的研究区域，提出了面向地表水体丰度估算的混合像元分解算法和分别面向河流和湖泊两类典型水体的亚像元制图算法，以实现亚像元级别的地表水体重构，并利用更高空间分辨率的 Landsat 数据作为地表参考真值，对解混和重构的结果进行精度验证。

3.2 面向地表水体丰度的混合像元分解

3.2.1 基于移动窗口的直方图方法

根据线性光谱混合模型（LSMM），混合像元中的水丰度 f 可以用公式（3.1）估算。其中，R_{mix} 是包含水和陆地的混合像元的反射率，R_{water} 和 R_{land} 分别是纯水和纯陆地像元的反射率。

$$f = \frac{R_{land} - R_{mix}}{R_{land} - R_{water}} \tag{3.1}$$

由于 R_{mix} 被定义为混合像元的反射率值（可直接从图像上得到），故估算水丰度的关键便是准确识别 R_{land} 和 R_{water}。我们可以直接从直方图中识别整景影像的最小反射率值（R_{min}）和最大反射率值（R_{max}），当图像中存在足够的纯水和纯陆地像元时，短波红外波段的直方图应显示两个特征峰，与纯水和纯陆地的反射率值相关联（见图 3－1）。第一峰的上限（$R_{water\text{-}max}$）是纯水的最大反射率值，而第二峰的下限

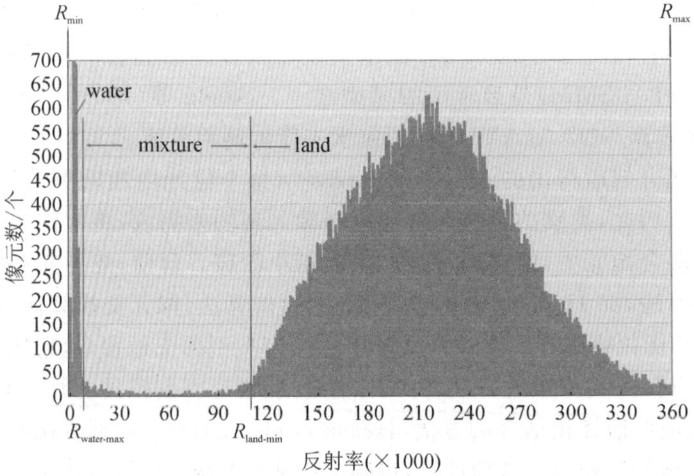

图 3－1　SWIR 波段直方图（Suomi NPP－VIIRS I3）

($R_{land\text{-}min}$)是纯陆地的最小反射率值，混合像元是其反射率在 $R_{water\text{-}max}$ 和 $R_{land\text{-}min}$ 之间的像元，这四个反射率值都用于估算 R_{water} 和 R_{land} 值。

R_{water} 常受水中悬浮物含量的影响。同时，由于土地覆盖类型不同，故 R_{land} 通常也会波动。因此，我们应分别对 R_{water} 和 R_{land} 应用[R_{min}，$R_{water\text{-}max}$]和[$R_{land\text{-}min}$，R_{max}]的可行范围，以考虑纯水和陆地反射率的波动。Li 等(2013)的研究应用移动窗口查找 R_{water} 和 R_{land} 的候选反射率值，基于附近水体和土地覆盖的反射率，减少了纯水、纯陆地像元反射率波动引起的影响。本研究选择移动窗口内的最小反射率值作为 R_{water} 的候选值，如果该值在可行范围[R_{min}，$R_{water\text{-}max}$]内，则记录为此移动窗口的 R_{water}，否则记为 $R_{water\text{-}max}$。同理，得到移动窗口的 R_{land}。

3.2.2　应用案例

1. 研究区及数据

青海湖(见图 3－2)是我国最大的湖泊，位于青藏高原西北部青海省的一个内陆盆地(北纬 36.5°～37.3°，东经 99.6°～100.8°)。它由周边多个流域季节性供给，五条永久性河流供给了超过 80％的总流入量，其中 49％来自布哈河。青海湖

图 3－2　青海湖 Landsat OLI 影像(彩色合成 R7G5B3)

的地表水面积超过 4000 km^2,在 20 世纪的大部分时间里一直在波动、萎缩,但受气候变化、人类活动的影响,自 2004 年以来面积一直在增加。

本节采用 Suomi NPP - VIIRS 数据监测地表水,从 NOAA/Comprehensive Large Array-Data Stewardship System 上下载了 2013 年 10 月 9 日在青海湖上获得的 Suomi NPP - VIIRS 图像,从美国地质调查局(USGS)网站上下载了与 Suomi NPP - VIIRS 图像同一天获得的分辨率为 30 m 的 Landsat OLI 图像、500 m 分辨率的 MODIS 表面反射率产品(MOD09GA)。Landsat 图像因具有相对较高的空间分辨率而被用作参考数据,以评估 Suomi NPP - VIIRS 和 MODIS 在地表水探测中的精度。

2. 结果与分析

图 3 - 3 显示了 Suomi NPP - VIIRS 和 MODIS 影像中每个像元内的水丰度,可以看出,在这种情况下,选定的 MODIS 影像包含很多噪声,且 Suomi NPP - VIIRS 的图像质量高于 MODIS。同时,本研究使用基于移动窗口的直方图方法,利用 Suomi NPP - VIIRS 和 MODIS 的 SWIR 波段正确描绘了青海湖的形状。混

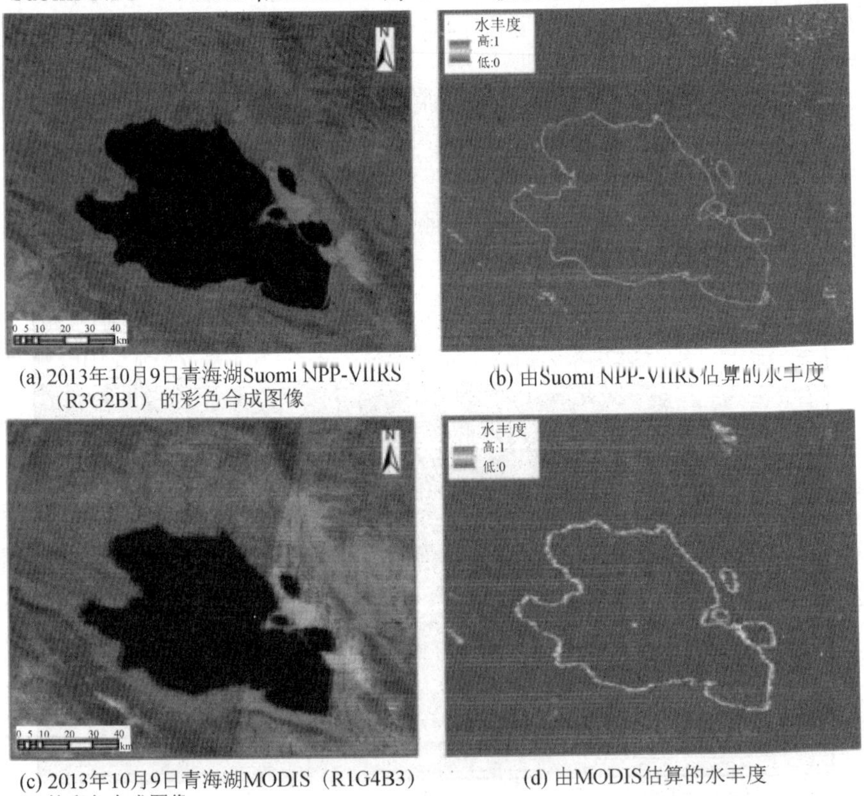

(a) 2013年10月9日青海湖Suomi NPP-VIIRS (R3G2B1) 的彩色合成图像

(b) 由Suomi NPP-VIIRS估算的水丰度

(c) 2013年10月9日青海湖MODIS (R1G4B3) 的彩色合成图像

(d) 由MODIS估算的水丰度

图 3 - 3　Suomi NPP - VIIRS 和 MODIS 的彩色合成图像和估算的水丰度

合像元通常位于湖的边界线上，此外，由于山体阴影和云的存在，山区中存在一些明显的错误(非水像元具有较强的水丰度值)。

本研究采用分辨率为 30 m 的相应 Landsat－8 OLI 影像作为真值来评估 Suomi NPP－VIIRS 和 MODIS 估算的水丰度图的精度。由于 Landsat 图像与 Suomi NPP－VIIRS 图像相比具有更高的分辨率，因此，为简单起见，假设每个水像元是纯水像元，水丰度为 100%。图 3－4 显示了 Landsat OLI 的彩色合成图像以及使用阈值分割方法得到的水体范围。

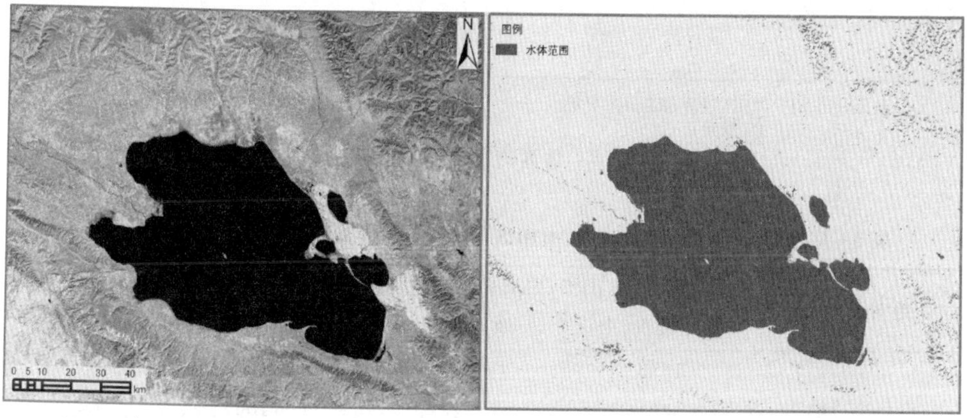

(a) 2013年10月9日Landsat OLI（R7G5B3）的彩色合成图像　　(b) Landsat估算的水体范围

图 3－4　2013 年 10 月 9 日 Landsat OLI(R7G5B3)的彩色合成图像和 Landsat 估算的水体范围

为了匹配 Suomi NPP－VIIRS 和 MODIS 的分辨率，本章模拟了两个 Landsat 的水丰度图。为了更好地评估其精度，应用掩膜以排除由于山体阴影和云而错误地被归类为水的那些区域，只关注湖泊一定距离内的水域。Suomi NPP－VIIRS 和 MODIS 的水丰度图与两个 Landsat 水丰度图进行逐像元叠置分析，均方根误差分别为 0.067 和 0.114，分别表示 6.7%和 11.4%的总体水丰度误差。

在此分别用 Suomi NPP－VIIRS 和 MODIS 中水的部分减去 Landsat 中水的部分来计算每个像元的水丰度差异(见图 3－5)。由图 3－5(a)可以看出，大多数像元的绝对差值都小于 0.1。然后对所有混合像元进行基于像元的统计，以量化 Suomi NPP－VIIRS 和 MODIS 估算的水丰度的精度，对应于四个差异水平的像元数如表 3－1 所示。Suomi NPP－VIIRS 中，大约一半的混合像元的水丰度估算都比较得当，绝对差值小于 0.1。只有约 6.4%的混合像元绝对差值大于 0.5。对于 MODIS 的水丰度图，得当和不佳估计的比例分别约为 38.2%和 12.0%。

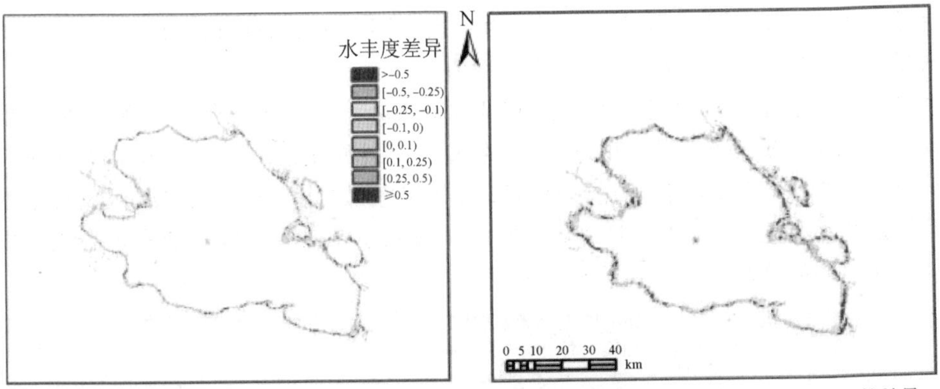

(a) Suomi NPP-VIIRS和Landsat估算的水丰度之间的差异　(b) MODIS和Landsat估算的水丰度之间的差异

图 3－5　估算的水丰度之间的差异

表 3－1　**Suomi NPP－VIIRS 和 MODIS 与 Landsat 估算的水丰度的四个差异水平**

绝对偏差	Suomi NPP－VIIRS 像元数量/个	Suomi NPP－VIIRS 像元百分比/%	MODIS 像元数量/个	MODIS 像元百分比/%
<0.1	1730	46.7	1357	38.2
[0.1，0.25)	1061	28.7	1065	30.0
[0.25，0.5]	675	18.2	705	19.8
>0.5	237	6.4	426	12.0
合计	3703	100	3553	100

卫星观测湖区面积是另一种验证水丰度结果的方法。湖区面积(S)可以按公式(3.2)计算,其中 f_{wi} 是像元 i 的水丰度,s_i 是像元 i 的面积,n 是像元的数量。

$$S=\sum_{i=1}^{n} f_{wi} s_i \tag{3.2}$$

根据 Landsat OLI 计算的青海湖面积约为 4445 km^2,而 MODIS 和 Suomi NPP－VIIRS 估算的面积分别约为 4280 km^2 和 4421 km^2。Landsat 和 Suomi NPP－VIIRS 图像 24 km^2(0.5%)的差异表明,总体上获取了比较精确的水丰度;Landsat 和 MODIS 结果之间的湖区面积差异为 165 km^2(3.7%),虽然精度相对较低,但仍然是一个不错的结果。

基于区域比较分析的结果,发现使用 Suomi NPP－VIIRS 图像能够实现精确的地表水覆盖探测,在本案例研究中,其效果优于 MODIS 图像。同时,将 Landsat OLI 图像估算的面积作为基本参考,从 Suomi NPP－VIIRS 图像中可精确估算出观测湖泊的总面积。评估结果表明,使用 Suomi NPP－VIIRS 可以较好地估算大约一半混合像元的水丰度,但也有一些混合像元的水丰度与 Landsat OLI 估算值有明显差异。其中一个主要原因是两张图像没有精确配准，空间偏移可能导致水丰度的差异。此外，尽管移动窗口和可行范围的使用会减小这种影响，但图 3-1 中 $R_{\text{water-max}}$ 和 $R_{\text{land-min}}$ 的主观确定也可能给水丰度估算结果带来不确定性。

3.3 面向地表水体的亚像元制图

3.3.1 面向线状河流水体的亚像元制图方法

1. 传统像元交换(PS)算法

像元交换(pixel swapping, PS)算法最初由 Atkinson(2005)提出，旨在快速高效地实现亚像元制图，其基本思想是通过亚像元位置的互换以达到同一地类的引力最大化。PS 算法最初是针对两个地物类别的情景开发的，不过，后来也有针对多个地物类别亚像元制图的 PS 算法(Thornton et al., 2006)被开发出来。由于本章的最终目的是研究洪水淹没的亚像元制图，这是一个典型的两类地物问题(淹没和非淹没)，故而在本章中，只介绍针对两类地物情景下的算法。

PS 算法的输入数据是在每个像元中包含有目标地物类别百分比(丰度)的图像，即包含混合像元的丰度图像。对于该图像的每一个像元，都根据一个预定义的尺度因子(scale factor, S)生成一定数量的亚像元。尺度因子是初始像元与亚像元之间尺度的比值，例如，当 $S=5$ 的时候，每一个初始像元会被分成 $5\times5=25$ 个亚像元。PS 算法的第一步是初始化，根据初始混合像元的目标地物的丰度值，随机分配亚像元。然后，基于亚像元的相互位置关系计算所有亚像元位置的引力。对于任意一个亚像元 i，它的引力 A_i 由它的 J 个邻近亚像元决定，计算公式如下

$$A_i=\sum_{j=1}^{J}\lambda_{ij}C_j \tag{3.3}$$

其中，C_j 代表第 j 个像元的二进制类别(1 为目标地类，0 为其他地类)，λ_{ij} 是基于距离的权重，由距离衰减模型计算可得

$$\lambda_{ij}=\exp\left(\frac{-h_{i,j}}{\alpha}\right) \tag{3.4}$$

其中，α 是距离衰减模型的指数参数，$h_{i,j}$ 是亚像元 i 和亚像元 j 之间的欧氏距离。这里引入向量 $\boldsymbol{h}$

$$\boldsymbol{h}=\begin{bmatrix}h_x\\h_y\end{bmatrix}=\begin{bmatrix}x_j & -x_i\\y_j & -y_i\end{bmatrix} \tag{3.5}$$

于是，有 $h_{i,j}$ 等于向量 $\boldsymbol{h}$ 的模。由于欧氏距离是没有方向性的，即各向同性，这意味着 PS 算法使用的是各向同性的距离衰减模型。

$$h_{i,j}=\|\boldsymbol{h}\|=\sqrt{h_x^2+h_y^2} \tag{3.6}$$

邻近总像元数 J 由搜索领域的搜索半径 r 决定，如图 3-6 所示，图中黑色像元为目标像元，对于不同的搜索半径 r(单位为像元数)，其邻近的像元为图中所示灰色像元。可以看到，邻近总像元数 J 的计算公式为

$$J=(2\times r+1)^2-1 \tag{3.7}$$

通过以上方法计算得到的亚像元的引力代表了该亚像元位置受其邻近像元中目标地类像元的吸引力大小，引力越大，表示该位置被越多的目标地类像元所包围，该位置的亚像元是目标地类的可能性越大。

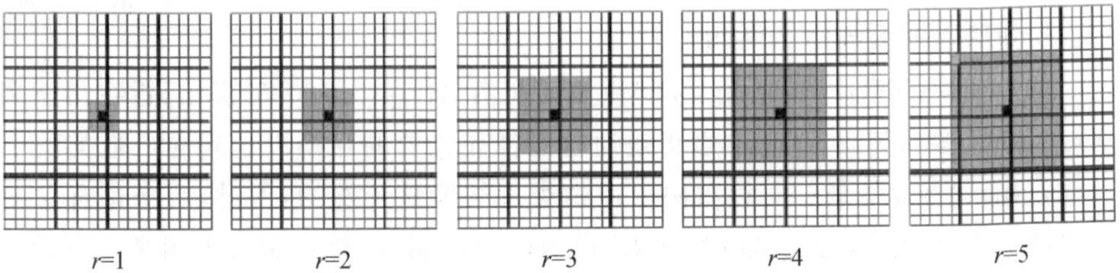

图 3-6 搜索半径与邻近像元示意图

在计算得到所有亚像元位置的引力之后，分别在每一个初始混合像元范围内，对其所包含的亚像元的引力进行排序。最后，如果类别 1(即目标地类)的引力最小的亚像元的引力小于类别 0 的引力最大的亚像元的引力，则将这两个亚像元所属的地物类别进行交换；否则，不做变动。如果有像元的交换，相应的引力也需要重新计算。这个交换的过程需要循环地执行，直到达到了设定的最大循环次数，或者算法收敛于某一个结果。

2. 线性像元交换(LPS)算法

传统的像元交换算法在计算吸引力时没有考虑方向上的变化，这使得它容易得到紧凑的地物形状，这种形状适合大多数的地物类型，但却不适合一些线状地物，如线状河流等。使用传统的像元交换算法重构线状地物时，经常得到断断续续的孤立的小斑块，而不是连续的线状地物。于是，Thornton 等(2007)对传统的像元交换算法进行了改进，以增加重建线状地物的可能性。与 PS 算法中使用各向同性的距离衰减模型不同，LPS 算法在每一个初始像元中采用独特的基于估测方向的各向异性距离衰减模型。

方向的估测是基于移动窗口的。在初始的丰度图像上应用一个 3×3 的移动窗口，初始的中心像元 P 作为目标像元，像元 P 内的估测方向就是连接相邻像元中具有最大丰度的两个像元[见图 3-7(a)]。这个估测的方向随后通过标准各向异性校正(standard anisotropic correction)(Goovaerts，1997)来修改距离衰减模型。修改后的模型的形状由正圆变为椭圆形，一般用各向异性比率 η 来控制形状改变

的幅度，η 是椭圆短轴和长轴长度的比例，一般介于 0 到 1 之间。经过各向异性校正之后，向量 $\boldsymbol{h}$ 的坐标可以转换为

$$\boldsymbol{h}'=\begin{bmatrix}h'_{\varphi}\\ h_{\psi}\end{bmatrix}=\begin{bmatrix}1 & 0\\ 0 & \eta\end{bmatrix}\begin{bmatrix}h_{\varphi}\\ h_{\psi}\end{bmatrix}=\begin{bmatrix}1 & 0\\ 0 & \eta\end{bmatrix}\begin{bmatrix}\cos\theta & -\sin\theta\\ \sin\theta & \cos\theta\end{bmatrix}\begin{bmatrix}h_x\\ h_y\end{bmatrix} \tag{3.8}$$

其中，η 是各向异性比率，θ 由估测的方向决定。亚像元 i 和 j 之间的各向异性的距离则等于向量 $\boldsymbol{h}'$ 的模。图 3-7(b) 显示了对于目标像元 P，当 $S=5$ 时，各向异性距离衰减的例子，而各向同性距离衰减的例子见图 3-7(c)。

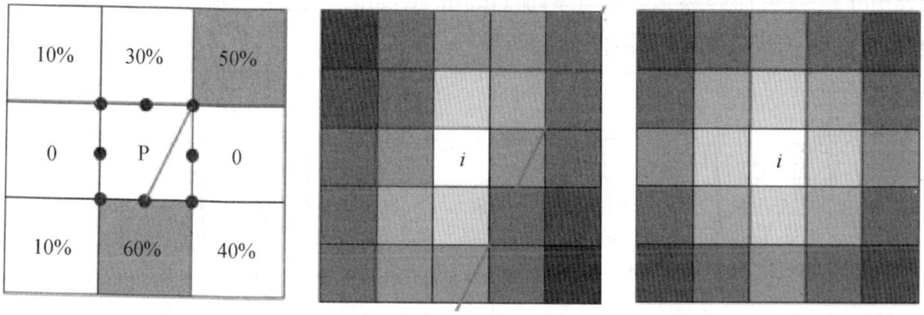

(a) 3×3 移动窗口估测方向示例　(b) 各向异性距离衰减示例　(c) 各向同性距离衰减示例

图 3-7　各向异性距离衰减模型示意图①

在某些情况下，当在移动窗口里面有两个以上的相邻像元具有最大的丰度时，相隔最远的一对像元会被选中用以估测方向，也就是说，倾向于选择一对对角的像元。在另外一些情况之下，也有可能在移动窗口中无法估测方向，因为所有的相邻像元具有完全一致的丰度，这样的话，就用各向同性距离衰减模型来计算该目标像元内所有亚像元的引力。只有当线状目标形状比较简单时，利用移动窗口估测的方向才相对可靠。对于河漫滩中洪水淹没的区域，尤其是当河网密集、河道蜿蜒曲折的时候，使用这种方法经常会得到错误的方向信息，从而影响亚像元制图结果。使用移动窗口方法估测的方向很难准确地反映地表洪水运动，这就使得 LPS 算法并不适合河漫滩洪水淹没的亚像元制图。

3. 基于 DEM 改进的像元交换(DMPS)算法

为了弥补 PS 和 LPS 算法在河漫滩洪水淹没亚像元制图中的缺陷，本章引入亚像元级别分辨率的 DEM 数据来改进这些算法。有了 DEM 提供的地形信息，地表水的运动状况就可以预测，表现为流向（flow direction）和流量（flow accumulation）。河道(stream)以及河网分级(stream order)数据可以由流向和流

① 颜色越深表示距离越大。

量栅格数据计算得到。河网分级是将级别数分配给河流网络中的连接线，它是一种根据支流数量对河流类型进行识别和分类的方法(Tarboton et al.，1991)。

目前有两种常用的可用于分配级别的方法(见图 3－8)，一种是 Shreve 方法，它使得河流级别往下游递增，只要有两条河流交汇，就把它们的级数相加，作为下游河流的级数；另一种是 Strahler 方法，它只有当两条具有相同级数的河流交汇时，才使得下游河流的级数增加 1，否则，只取两条交汇河流中的较高级数作为下游河流的级数。Strahler 方法相对来说更加适合于本章中的算法改进，因为使用 Strahler 级数更加容易追踪主干河流(main stream)。主干河流可以为河漫滩淹没范围的空间模式提供有用的信息。

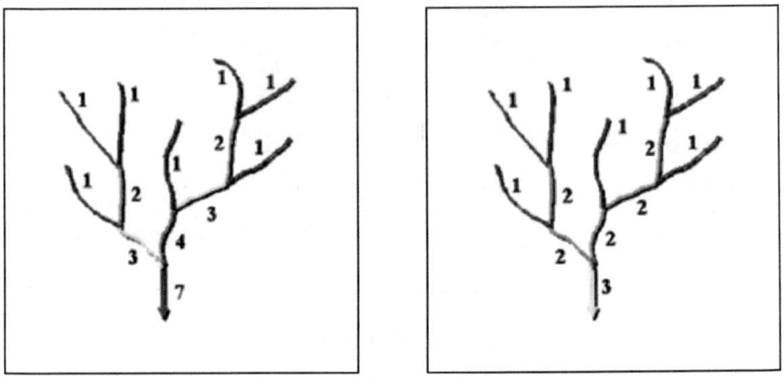

(a) Shreve方法　　(b) Strahler方法

图 3－8　河网分级方法

DMPS 算法使用由 DEM 数据得到的河网分级数据作为补充的输入数据。对于每一个初始的混合像元，当尺度因子为 S 时，就需要有 $S \times S$ 个相应的河网级数像元[见图 3－9(a)]。在每一个初始混合像元的范围内，主干河流像元定义为那些具有最大的河网级数的像元[见图 3－9(b)]。利用这些选出的主干河流像元，本章主要对 PS 和 LPS 算法做了两处改动(见图 3－10)。

第一个改动是在亚像元的初始化时。与 PS 和 LPS 算法的随机初始化方法不同，位于主干河流上的亚像元在 DMPS 算法中会以最高的优先级被赋值为淹没像元。这些亚像元会被赋予一个特殊的较高的值(C_j)而不是 1，以体现主干河流在河漫滩洪水淹没中的重要性。这里，使用$(1+r)$作为 C 值，其中，r 是搜索半径。在主干河流位置的像元被赋值以后，其他位置的像元，根据其河网级数的不同具有不同的优先级。更高级别河网级数的像元具有更高的优先级别被赋值为淹没像元。图 3－9(c)显示了在一个初始的混合像元中，水体丰度为 40％的亚像元初始赋值过程，即在 25 个亚像元中，有 10 个是淹没像元。在河网级数为 10 和 5 的像元位置(共 6 个)赋值为淹没像元之后，从河网级数为 2 的所有像元中随机选择 4 个作为淹没像元。

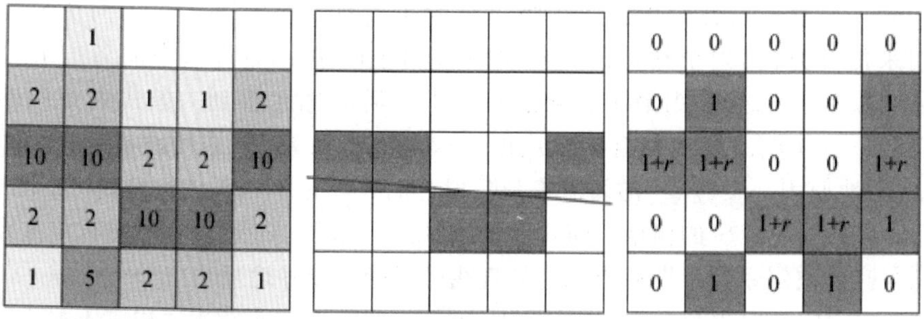

(a) 一个初始混合像元内的亚像元级别的河网级数像元（尺度因子S=5）

(b) 选出的主干河流像元，以及利用最小二乘法基于这些像元得到的估测方向，其中R^2=0.08

(c) 40%淹没比例的初始化示例

图 3-9　DMPS 算法改进示意图

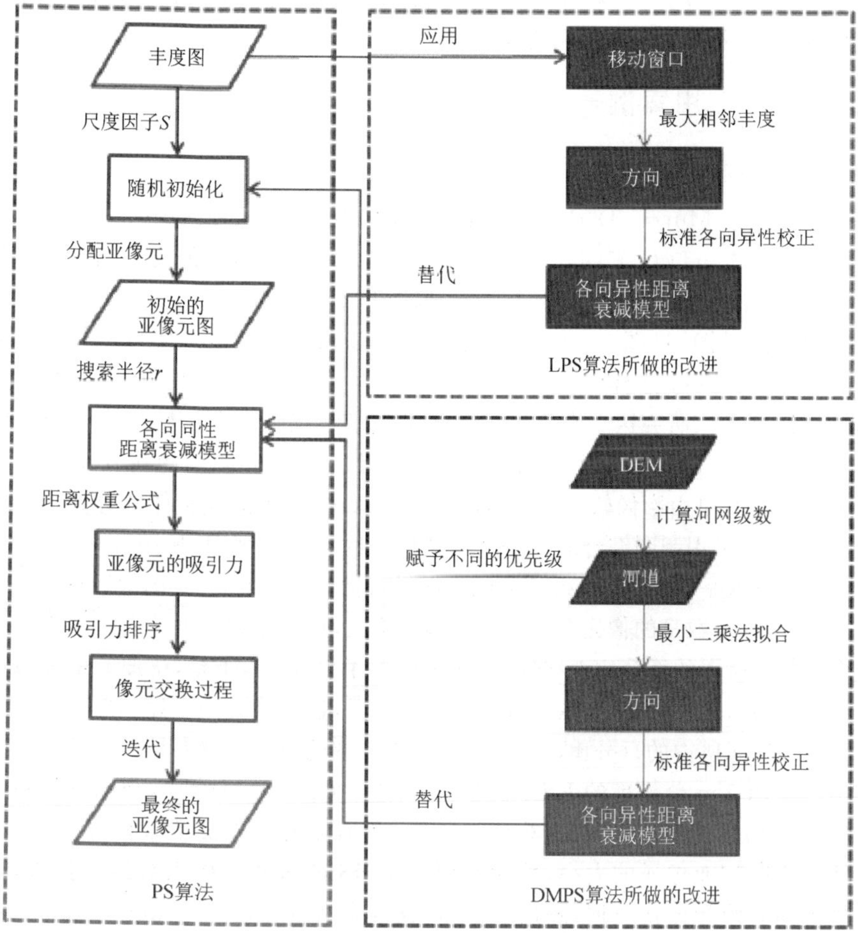

图 3-10　亚像元算法流程图

第二个改进是针对用以计算吸引力的距离衰减模型的。主干河流的像元被用来估计方向，这个估计的方向可以被用来改进 LPS 算法中的各向异性距离衰减模型。此处采用最小二乘法基于主干河流像元得到一条代表方向的线［见图 3－9(b)］。线性拟合的适应度一般用决定系数 R^2 来评价，但是，一般认为，武断地使用一个对 R^2 的阈值来判断拟合的好坏是不合理的。这里，主干河流像元是在一个 $S \times S$ 的栅格空间找出的，利用这些像元来拟合一条直线，常常无法得到很高的决定系数。即使当拟合的直线已经能够较好地表达主干河流像元的空间分布时，R^2 有时也会非常小［见图 3－9(b)］。因此，在本章中使用主干河流像元拟合的直线都会被采用，而不论其 R^2 值的大小。此外，在一些情况下，比如说平坦区域，河网级数的值都是空值，那么在初始的混合像元中很可能所有的亚像元对应的河网级数的值都是空值，这样的话，就无法进行直线的拟合和方向的估算，因此，仍然采用移动窗口的方法来估算方向。估算出来的方向而后被用来修改各向异性距离衰减模型，从而计算亚像元之间的吸引力。

3.3.2 应用案例一

1. 试验数据准备

本章选择了 Murray-Darling Basin 流域的 Chowilla 河漫滩的一部分区域作为试验区，见图 3－11(a)。试验区面积约为 181360 hm^2，包含一个大的水体(Victoria 湖)、一段 Murray 河的主河道，以及其支流。

初始的淹没图［见图 3－11(b)］是由一幅 Landsat ETM＋影像利用 mNDWI 得到的，它具有 30 m 分辨率，包含 1700×1120 个像元。该影像获取于 2000 年 12 月 13 日，记录了该研究区一个洪水过程中的淹没状况。这个初始的淹没图将作为一个参考图像，用以验证亚像元制图结果的精度。亚像元制图的输入是一个丰度图，一般来说，它是由影像软分类得到的。在本章中，为了避免影像软分类引入的误差和不确定性，采用制图综合的方法来得到模拟的水体丰度图［见图 3－11(c)］。制图综合的过程就是对 Landsat 得到的淹没图进行像元的合并，合并的级数就是所需要的尺度因子，一定数量的像元合并为一个大的像元，该像元的丰度值就是所有合并像元中淹没像元所占的百分比。在这里，把尺度因子设为 10，于是，将原始的淹没图进行 10 倍的合并，每 10×10 个像元合并为一个像元，这个像元的丰度值等于这 100 个像元中淹没像元所占的百分比，因此，合并的丰度图的空间分辨率是 300 m。

本章采用 5 m 分辨率的 LiDAR DEM 数据［见图 3－11(d)］，利用它提供的亚像元尺度的信息来改进 DMPS 算法。DEM 数据需要首先被重采样成 30 m 分辨率以便精确匹配亚像元的大小，然后使用 ArcGIS 的水文分析工具进行洼地填充，再得到流向和流量栅格数据，随后，再利用这两个数据使用 Strahler 方法得到河流级别数据，用作 DMPS 算法的补充输入数据。

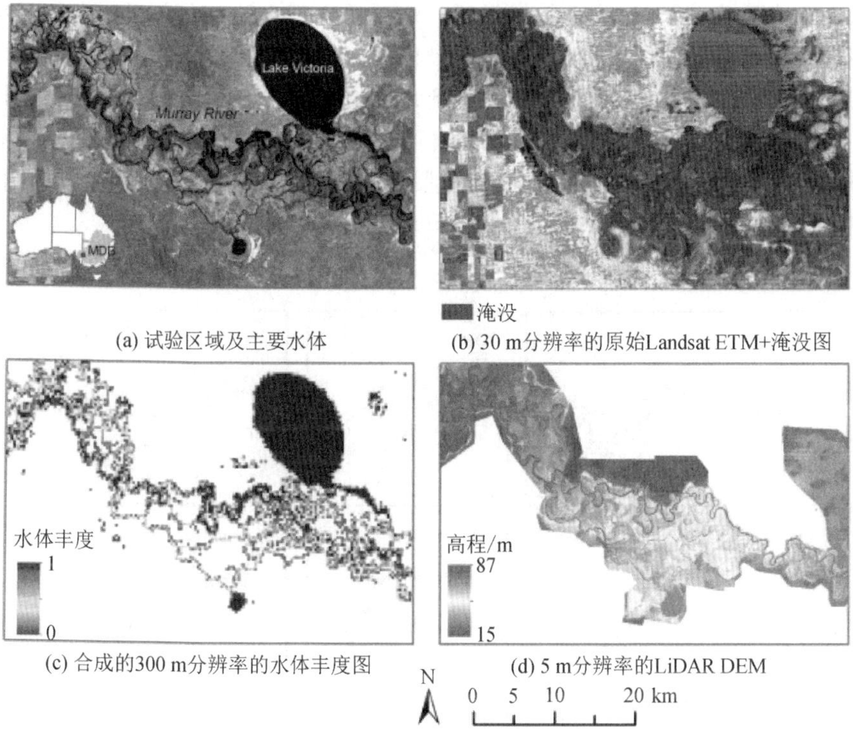

图 3-11　试验数据

2. 参数优化

为了比较传统算法和改进算法的优劣，所有三个算法（PS、LPS 和 DMPS）都各自被用来从同一个丰度图[见图 3-11(c)]生成亚像元尺度的淹没图。在这些算法中，搜索半径 r、距离衰减模型的指数系数 α，以及各向异性比率 η，都是影响亚像元制图精度的重要参数。因此，有必要测试一系列不同的参数值。需要注意的是，尺度因子 S 和输入数据对于参数值的选择有决定性的作用。在该应用实例中，$S=10$，且分别测试了 5 个不同的 r 和 α 值，以及 3 个不同的 η 值（见表 3-2）。为了得到最优的参数值，对所有的这些参数值的组合进行了测试。

表 3-2　测试的参数值

参数	测试值	算法
搜索半径(r)	1, 3, 5, 7, 9	PS, LPS, DMPS
距离衰减模型的指数系数(α)	0.50, 1, 2, 5, 10	PS, LPS, DMPS
各向异性比率(η)	0.10, 0.35, 0.50	LPS, DMPS

搜索半径 r 控制了单个亚像元的影响范围。为了提高算法的计算速度，它的初始值一般被设为 1 个像元。不过，过小的 r 通常会导致局部过早收敛。而且，一

般认为 r 应该比 S 小,这样才能够保证一个亚像元不会被某些并不相邻的初始像元内的亚像元所吸引。要分析不同 r 值对于结果的影响,需要先固定另外两个参数的值(见图 3-12)。为了更清晰地看到结果的不同,这里只显示了整个试验区的一小块区域。为了便于参考,这里也列出了对应的 Landsat 彩色合成图。从图 3-12 中可以看出,对于三个算法来说,r 值取 1 显然过小,当 r 值大于等于 3 时,得到的结果趋于稳定。

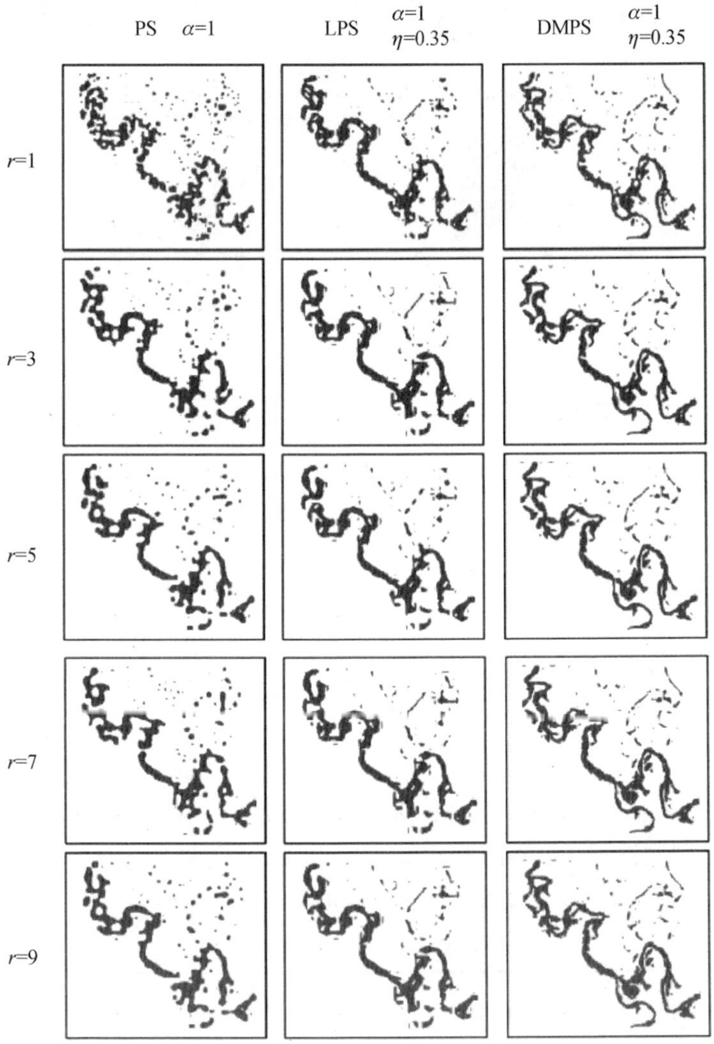

图 3-12 三个算法(PS、LPS、DMPS)对于不同搜索半径 r 值的响应

距离衰减模型的指数系数 α 用以平衡不同距离的亚像元对吸引力影响的大小。根据公式(3.4),越大的 α 使得距离衰减得越慢。如果 α 太小,那些直接相邻的

像元所贡献的吸引力的比重就会显著高于更远的像元，这也会导致局部收敛，就像 r 值过小时一样，产生许多碎斑。而如果 α 太大，在搜索半径 r 范围内的像元对目标像元的吸引力的贡献就会很接近，这样的话，淹没的亚像元会高度集中到附近的大区域水体，且由于同时受初始像元范围的限制，外围会产生许多孤立的淹没像元。合适的 α 值能够确保搜索半径 r 范围内的每一个亚像元都能够适当地为目标像元的吸引力作贡献。图 3-13 显示了三个算法对于不同的 α 值的响应，通过对比发现，α 值取 0.5 显然过小，尤其是对于 PS 算法，会产生很多的碎斑。5 或者 10 对于 α 值来说过高，会使得主要的水体外围产生许多孤立的线状碎斑。因此，1 或者 2 可以作为合适的 α 值。在这三个算法之中，当测试不同的 α 值时，LPS 和 DMPS 算法看起来要相对更稳定一些。

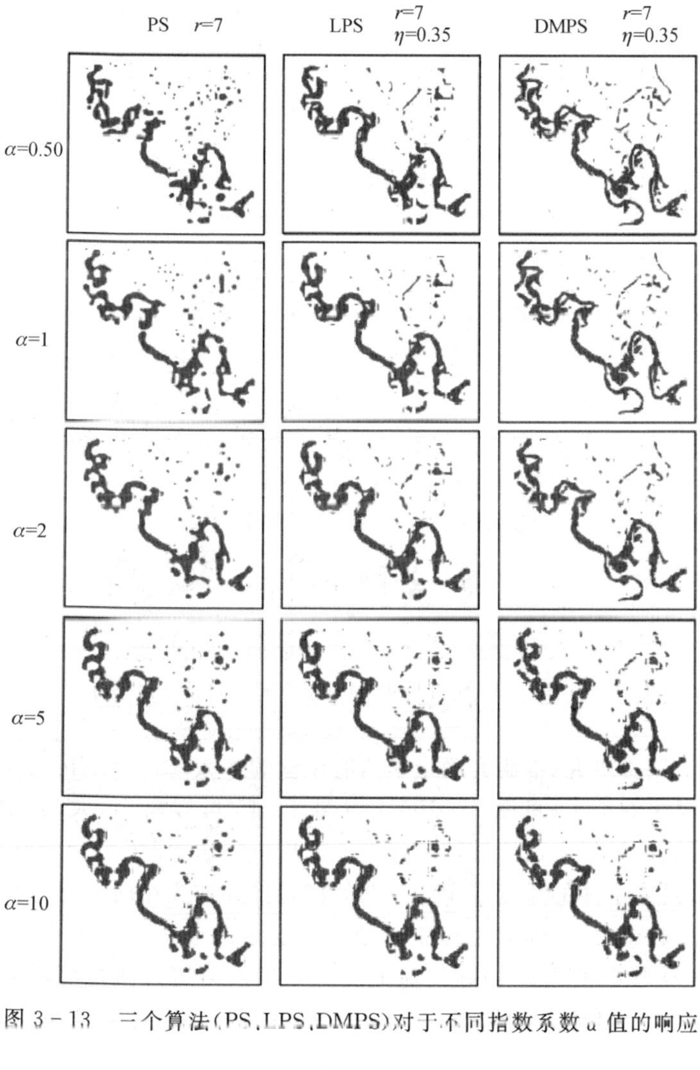

图 3-13　三个算法(PS、LPS、DMPS)对于不同指数系数 α 值的响应

只有当采用各向异性的距离衰减模型计算像元吸引力的时候,各向异性比率 η 才会使用到,因此,只有 LPS 和 DMPS 算法有参数 η。这个参数表征了距离衰减的强度在估测方向以及与估测方向正交的方向上的比率。当各向异性比率 $\eta=1$ 时,LPS 算法实际上就是普通的 PS 算法。图 3-14 显示了 LPS 和 DMPS 算法中应用不同的 η 值的效果,η 值越小,估测方向上距离衰减越慢,该方向上的像元对目标像元的吸引力的贡献越大,也就使得亚像元具有更强烈的线状分布特征。与此同时,与估测方向正交的方向上的距离衰减就很剧烈,使得这个方向上很容易产生碎斑和空隙。经过对比发现,在该试验中,若将 η 值取为 0.1,对于两个算法来说都太小。试验结果同时表明,DMPS 算法在使用不同的 η 值时,相对 LPS 算法要更加稳定。

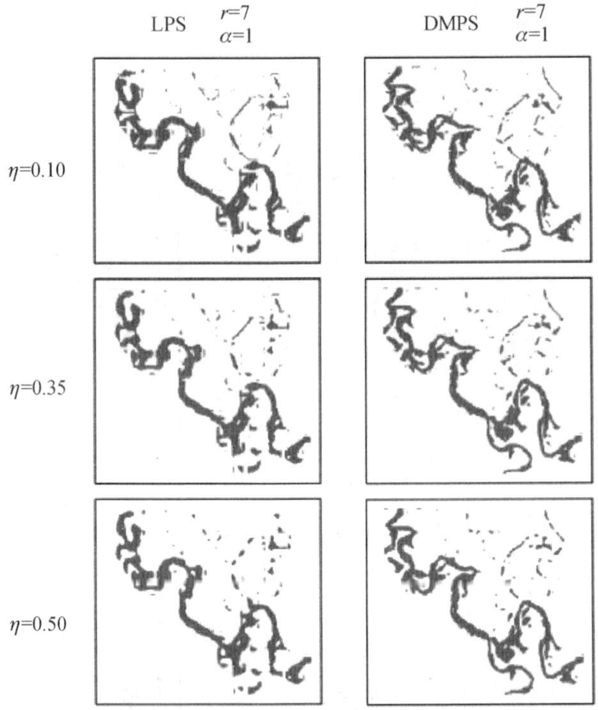

图 3-14　两个算法(LPS 和 DMPS)对于不同各向异性比率 η 值的响应

基于以上试验研究,本研究确定了所有试验的参数组合中最优的参数值组合,得到了三个算法的结果(见图 3-15)。由图 3-15 可以看出,大的水体(Victoria 湖)在三个算法的结果中都能够被较好地绘制出来。PS 算法不能很好地绘制线状的水体,尤其是当水体的宽度小于一个初始混合像元的大小时。淹没像元在 PS 算法的结果图中趋于集中,同时也产生了很多不连续的形状。LPS 算法在绘制线状的主河道时,效果要好很多,但在河流的交汇处以及河道弯曲程度较大的地方,依然会产生一些奇怪的淹没形状(图 3-15 中方框区域)。相对来说,DMPS 算法能够得到最好的亚像元淹没图，主河道的淹没都能够被很好地表现出来，且大部分支流及河流汇合处也能够被绘制出来，甚至一些细小的支流，都能够被正确地绘制出来。

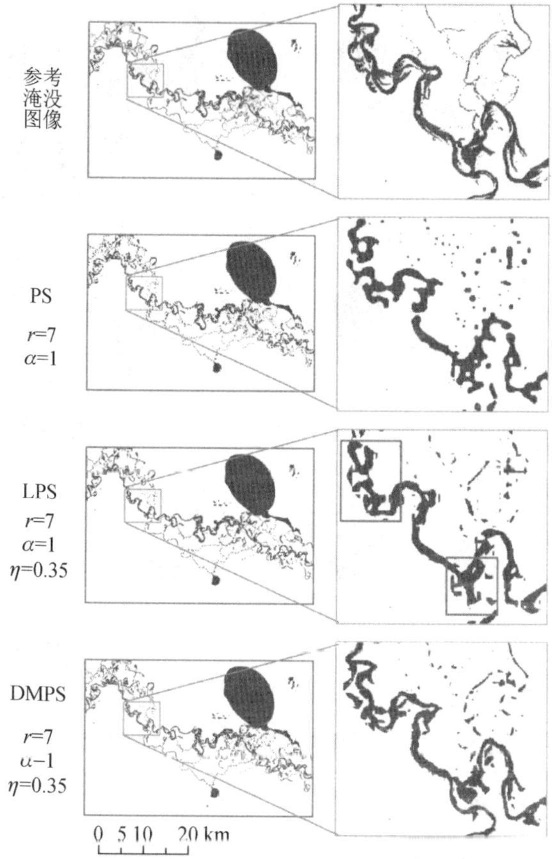

图 3-15　三个算法利用最优参数值得到的结果图以及参考图像

3. 精度评价

三个算法所得结果的精度可以通过对比参考图像得到。当把结果图和参考图按像元叠加之后，就能够得到评价图(见图 3-16)，从中可以清楚地看到两图中一致的部分，以及错分和漏分误差。错分误差是那些在结果图上被分类为淹没像元，但在参考图上却是未淹没的像元。漏分误差是那些在结果图上被分类为未淹没像元，但在参考图上却是淹没的像元。

由图 3-16 可以看出，PS 算法的结果图中，错分和漏分误差比较多，不仅仅存在于小的支流上，甚至在 Murray 河等主干河道上，也存在一些误差。LPS 算法在主干河道上的制图误差要少很多，但在多条河流的交汇处，效果依然无法令人满意，且在河流蜿蜒曲折以及河网密集的区域，制图的误差较多(图 3-16 中的方框区域)。DMPS算法能够得到最好的亚像元淹没图,误差只是零星地存在于主干河道淹没的边缘,以及那些很细小的淹没区域(见图3-16)。

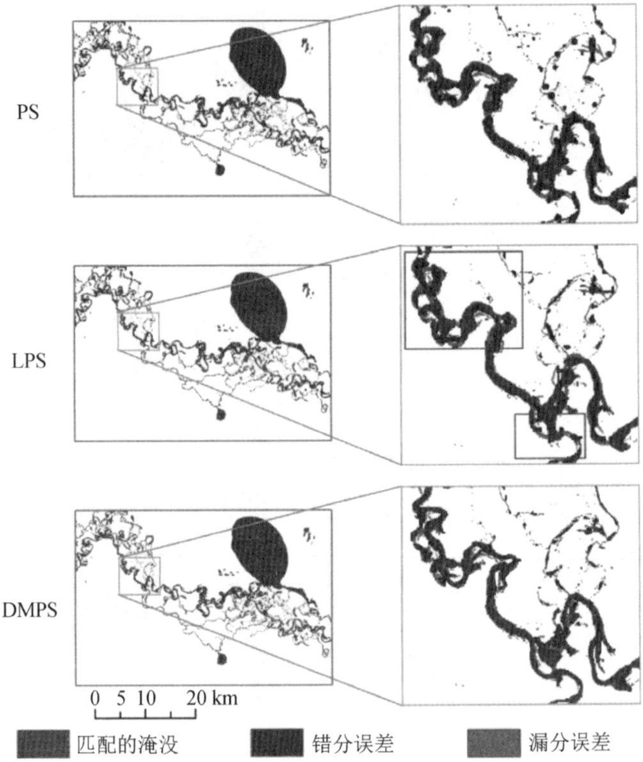

图3-16 三个算法结果图的精度评价图

基于评价图,我们可以计算一些精度评价的指标,比如总体精度、错分误差、漏分误差以及Kappa系数等(见表3-3)。在计算这些指标之前,有必要把丰度图中的纯净像元都去除掉,因为这些像元中并不会发生亚像元的交换。可以看到,错分误差和漏分误差在每个算法的结果中都是相等的,这是因为像元交换的原则就是交换不同类别的亚像元的位置以达到最大的空间吸引力,当只有两个类别(淹没和非淹没)时,每当产生了一个漏分像元,就必然会对应地产生一个错分的像元。

表3-3 三个算法所得结果的精度评价指标值

算法	错分误差/%	漏分误差/%	总体精度/%	Kappa系数
PS	10.29	10.29	79.42	0.53
LPS	9.51	9.51	80.98	0.56
DMPS	7.90	7.90	84.20	0.64

由表3-3可以看到，LPS算法得到的结果从精度上比PS算法的结果要稍好，而DMPS算法得到的结果比LPS、PS算法的结果都要好，其总体精度较PS算法提高了约5%。可见，提高的幅度并非十分明显，这也部分归因于PS算法本身高达约80%的总体精度。一般认为，总体精度这个指标在评价分类精度时存在一定的缺陷，不够客观合理。因此，通常也用Kappa系数来评价分类的精度。由于Kappa系数还考虑了随机分类可能产生的正确分类结果，故得到的评价结果更加客观合理。如表3-3所示，DMPS算法得到的结果，其Kappa系数高达0.64，比PS算法和LPS算法分别高了0.11和0.08，这也显示了DMPS算法的优越性。根据文献资料，Kappa值在0.41到0.60之间代表中等的一致性(即中等的分类精度)，0.61到0.80之间代表较高的一致性。尽管试验区的淹没形态比较复杂，但0.64的Kappa系数值表明DMPS算法仍可以得到较高精度的亚像元尺度的洪水淹没图。

本节对传统的亚像元制图方法——像元交换算法进行了改进，并融入地形信息，以便在亚像元尺度上更好地绘制河漫滩洪水淹没范围。通过试验研究表明，基于DEM改进的像元交换算法相对于传统的像元交换算法和线性像元交换算法，在一些关键参数值的选择上相对更加稳定。同时，该算法能够得到更高精度的洪水淹没图，且重建的河漫滩淹没范围具有更强的连续性和合理性。

一般来说，不同的算法适合不同的情景。对于没有线性特征的亚像元制图问题，PS算法简单、快速且高效。对于具有简单线性特征的亚像元制图问题，使用LPS算法也基本能满足需要。不过，如果想要准确地反映河漫滩淹没范围的蜿蜒曲折以及线状河道的交汇，DMPS算法则是更好的选择，虽然DEM数据的引入不可避免地需要增加算法的计算时间。

此外，DEM数据的精度对算法也有很直接的影响。本节提出的算法以DEM得到的河流数据作为输入，而不是直接以DEM数据作为输入，这在一定程度上降低了对DEM数据整体精度的依赖。随着越来越多高精度DEM数据的出现，比如SRTM和LiDAR，研究成果可以促进一些低分辨率影像，比如MODIS，在河漫滩洪水淹没制图中的应用。

3.3.3　面向湖泊水体的亚像元制图方法

考虑到湖泊水体本身呈集聚的特点，本节仍采用像元交换算法进行面向湖泊水体的亚像元制图，但为提高湖泊制图效率，对算法进行了两处改进。第一个是用湖心定向分配替换原来的亚像元随机初始分配，靠近湖心的亚像元在初始化过程中具有较高作为水的优先级，这有助于减少迭代次数，更快达到收敛。另一个是将较高的 C 值(而不是 $1, r$ 的相同值用作 C)分配给纯湖水像元[参考公式(3.3)、公式(3.4)]，这使得主要湖体像元对混合像元内的水具有更高的吸引力，使得最终的亚像元制图结果在湖泊周围更加紧凑。

本节的精度评价主要包含水丰度估算以及亚像元制图两个方面。关于水丰度估算的方法,除了前文中提到的精度评估方法以外,Pontius 等(2006)提出用一种广义交叉制表矩阵(CTM)来评估多分辨率的软分类地图。在 CTM 的基础上,Silván-Cárdenas 等(2008)开发了一个亚像元混淆不确定矩阵(SCM),用来评估亚像元制图的精度和不确定性。与传统的评估方法相比(如均方根误差 RMSE),SCM 能够提供有关亚像元混淆和不确定性的详细信息(在本章中也被用于水丰度估算精度评估)。基于 SCM 的精度不确定性指数是根据传统指数(如总体精度和 Kappa 系数)计算的。Landsat 模拟的水丰度图也被用于亚像元制图,用作与 NPP - VIIRS 分析得到的水丰度图进行比较,两种数据源的亚像元制图结果(Landsat 和 NPP - VIIRS)均使用初始重采样的 15 m 分辨率水体图作为参考。通过按像元对两个亚像元制图的结果和参考地图做叠置分析,研究者可进一步验证其精度,从中计算出一些精度指数(如漏分误差、错分误差、总体精度、Kappa 系数等),以做最后的精度评价。

3.3.4 应用案例二

1. 研究区和数据

本小节围绕湖泊水体降尺度的亚像元制图进行。为了证明所提方法在湖泊尺度制图中的适用性和一般性,本小节选择了两组研究案例。第一组案例是覆盖五个湖泊的大面积区域,虽然这些湖泊的水边界相对稳定,但本案例研究旨在揭示不同湖泊中降尺度方法的普遍性。第二组案例是具有明显水动态变化的单一湖泊,旨在证明降尺度方法在亚像元尺度上监测湖水动态的适用性。

第一组案例选择了云南省五个高原湖泊的区域,包括滇池、抚仙湖、阳宗海湖、星云湖和杞麓湖[见图 3-17(a)]。一方面,它们为人类生活和社会经济发展提供了物质条件;另一方面,它们中的每一个都是当地生态系统的关键要素,也是生态系统变化的主要驱动力。它们的形状彼此截然不同。其中,滇池最大,其形状也比其他的湖泊更复杂,且北部的沙堤将湖泊分成两部分,北侧较小的部分称为内湖,面积约 10 km²;另一部分是外湖,面积近 300 km²。其他四个湖泊的边界相对较为简单,只有杞麓湖西南部有一个大型湿地,这使得其边界制图变得困难。此外,星云湖以西、杞麓湖西南部有一些小支流,难以在粗分辨率图像上绘制。

第二组案例选择位于长江中下游南岸的鄱阳湖[见图 3-17(b)]作为研究区。鄱阳湖是中国最大的淡水湖,流域面积超过 16 km²。该湖泊的水域面积总体在减少,且干湿季节波动剧烈,雨季河漫滩被淹没形成一个面积超过 3000 km² 的大湖;干季水域会缩小至不到 1000 km²,留下一个狭窄弯曲的河道。为了防洪及管理便利,鄱阳湖周围建造了堤坝,形成了许多小湖泊。特别是在旱季,湖泊分为许多连通和断开的地块而很难确定确切的边界。

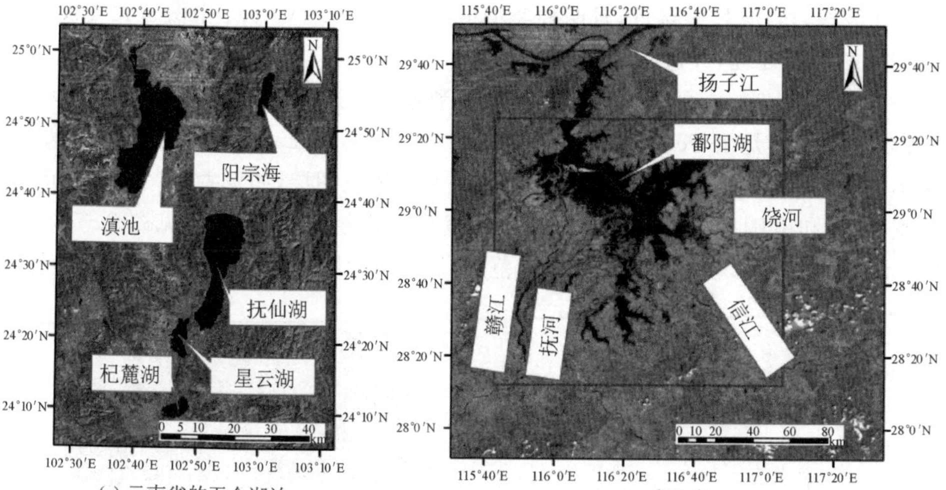

(a) 云南省的五个湖泊　　(b) 鄱阳湖

图 3-17　研究区图示

本节使用了两组图像数据，即 Suomi NPP-VIIRS 和 Landsat OLI。对于云南的五个湖泊，仅选择了 2014 年 2 月 2 日获得的一对图像；而对于鄱阳湖，考虑到数据可用性和云层覆盖问题，选择了在雨季或旱季获得的三对 NPP-VIIRS 和 Landsat 图像，水域面积在这三个日期(T1、T2 和 T3)之间发生了剧烈变化。所选图像列于表 3-4 中。

表 3-4　研究所用遥感影像

研究案例	影像类型	图像日期	获取时间	列/行	空间分辨率
云南湖泊	NPP-VIIRS	2014-02-02	06:39:57		375 m
	Landsat OLI	2014-02-02	03:36:02	129/43	30 m
鄱阳湖 T1	NPP-VIIRS	2013-10-05	05:52:14	—	375 m
	Landsat OLI	2013-10-05	02:46:14	121/40	30 m
鄱阳湖 T2	NPP-VIIRS	2014-05-01	05:53:21	—	375 m
	Landsat OLI	2014-05-01	02:44:05	121/40	30 m
鄱阳湖 T3	NPP-VIIRS	2014-10-08	05:52:50	—	375 m
	Landsat OLI	2014-10-08	02:44:32	121/40	30 m

使用 Suomi NPP-VIIRS 的第三个 I 波段(I3)来估算水丰度，它是一个光谱范围为 1.58～1.64 μm 的短波红外波段。同时，使用的 Landsat OLI 图像已经过辐射校正和几何校正，因其空间分辨率较高而被用于评估 Suomi NPP-VIIRS 降尺度分析结果的精度。Suomi NPP-VIIRS 与 Landsat OLI 的获取时间差约 3 小时，Landsat 的第六波段波长范围是 1.56～1.66 微米，与 Suomi NPP-VIIRS 的第

三个 I 波段(I3)波长很接近，且两种类型的图像都在 ENVI 5.1 中做了大气校正和地表反射率的处理，并进行了精确配准。

分辨率为 30 m 的全球地表水动态数据集（https://global-surface-water.appspot.com/)是由 Pekel 等(2016)使用超过 300 万张 Landsat 图像推导出来的，在本章中被用作辅助数据。此数据集包括一系列栅格图层，如发生率、变化、季节性、重现、转化和范围等。本章仅使用范围和发生率图层。范围图层[见图 3-18(a)、(c)]记录了过去 32 年中地表水的最大范围，发生率图层[见图 3-18(b)、(d)]以月为

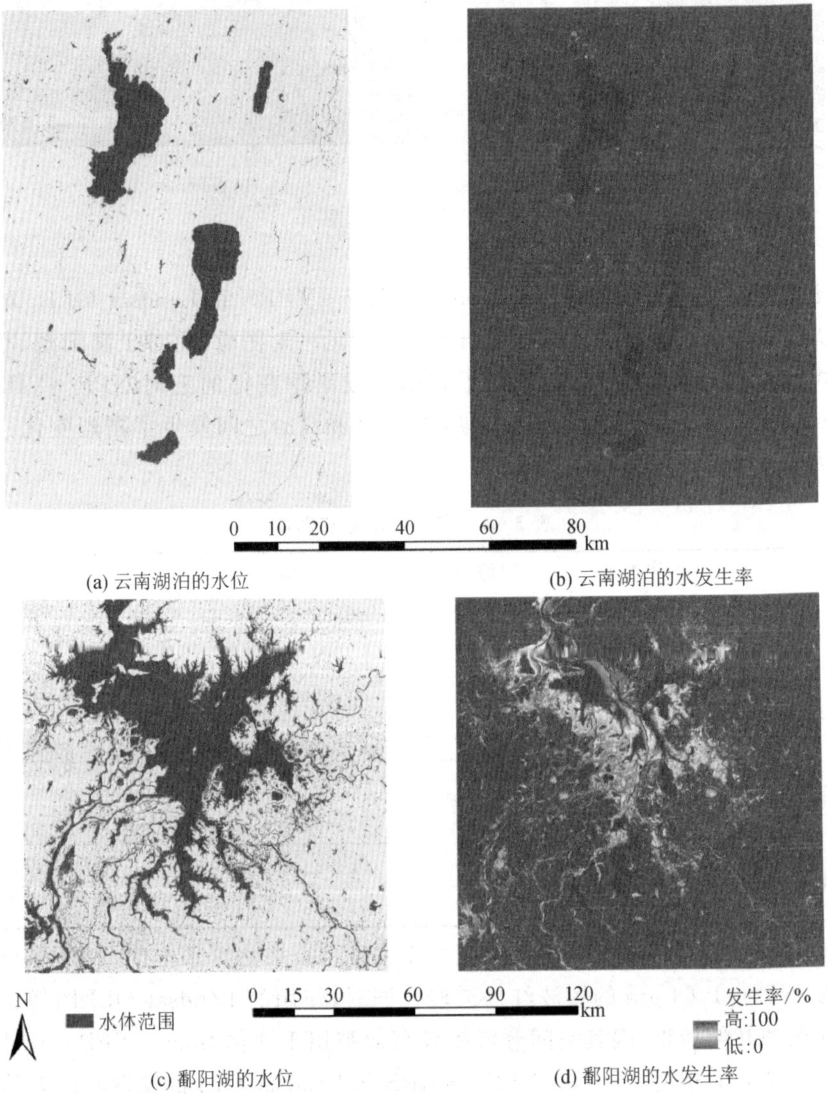

(a) 云南湖泊的水位　(b) 云南湖泊的水发生率

(c) 鄱阳湖的水位　(d) 鄱阳湖的水发生率

图 3-18　水位和水发生率

时间间隔记录在整个观察期内水的发生率。理论上，永久水体的发生率为 100%，但这个值有时会受到云层的影响，这意味着会有一些永久性水体的发生率不到 100%。通过仔细的目视检查，我们最终把发生率大于 90%的像元都认为是湖区的永久水体像元。

2. 结果与分析

本案例使用 Suomi NPP－VIIRS 影像的第三个 I 波段（I3）作为水丰度反演方法的输入数据，得出了空间分辨率 375 m 的水丰度图[见图 3－19(a)、(c)]，同时模拟出了相对应的参考影像 Landsat 的水丰度图[见图 3－19(b)、(d)]。

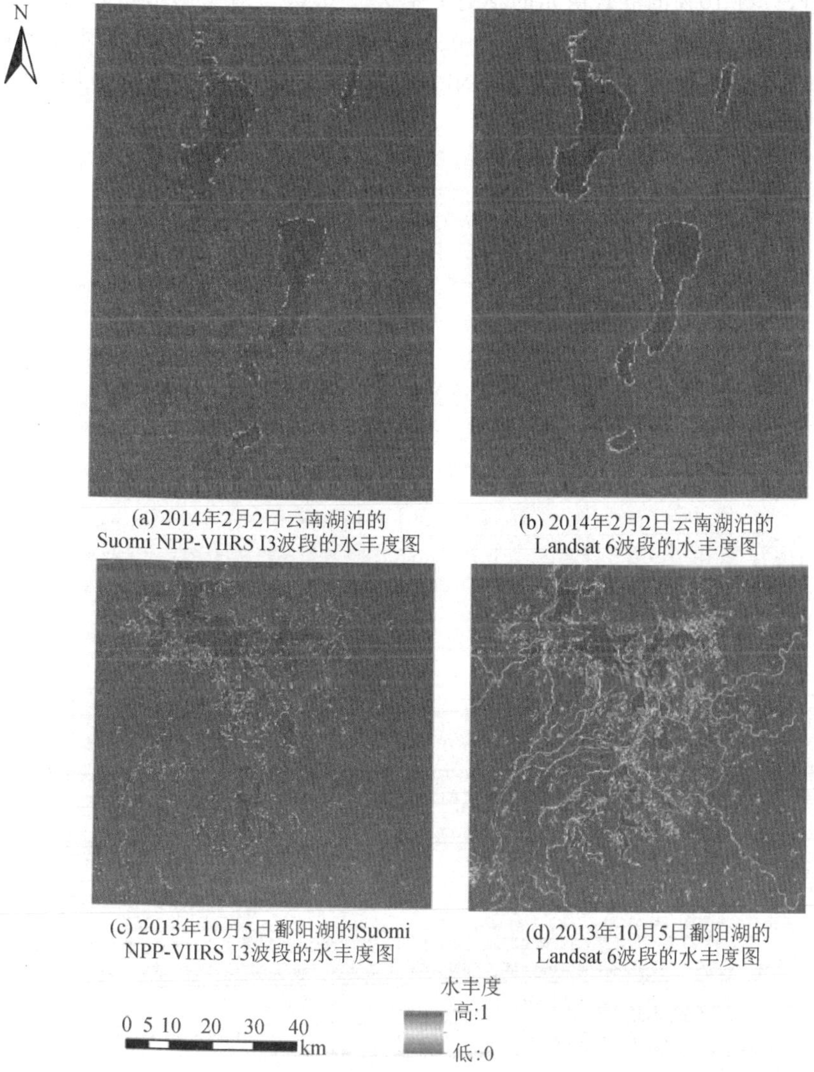

(a) 2014年2月2日云南湖泊的Suomi NPP-VIIRS I3波段的水丰度图

(b) 2014年2月2日云南湖泊的Landsat 6波段的水丰度图

(c) 2013年10月5日鄱阳湖的Suomi NPP-VIIRS I3波段的水丰度图

(d) 2013年10月5日鄱阳湖的Landsat 6波段的水丰度图

图 3－19　水丰度图

一方面,为了量化 NPP－VIIRS 获得的水丰度图的精度,将其与 Landsat 获得的水丰度图按像元进行叠置分析,得出了二者的差异图(见图 3－20),差异值大于 0 表示 NPP－VIIRS 高估了水丰度。由图 3－20 可以看出,NPP－VIIRS 对云南湖泊的水丰度整体偏低估,有较多一部分像元的差异值都小于 0;鄱阳湖的几个结果中,都存在着高估的现象,特别是 2013 年 10 月 5 日(T1),偏少的估计部分也是存在的,但大部分集中在河道上。绝对差值分为四个等级(＜0.10,[0.10, 0.25),[0.25, 0.50],＞0.50),表 3－5 中计算了属于每个级别的像元百分比,可以看出,大多数像元的估计都是正确的。对于云南湖泊,约 66％的像元具有小于 0.25 的绝对差值,只有 10％的混合像元的绝对差值大于 0.50。对于鄱阳湖的三个案例,超过 50％的混合像元的绝对差值小于 0.10,还有约 10％的混合像元的水丰度估计不当,绝对差值大于 0.50。这表明从 NPP－VIIRS 图像中获得的水丰度具有总体上可接受的精度,但仍然存在偏差。

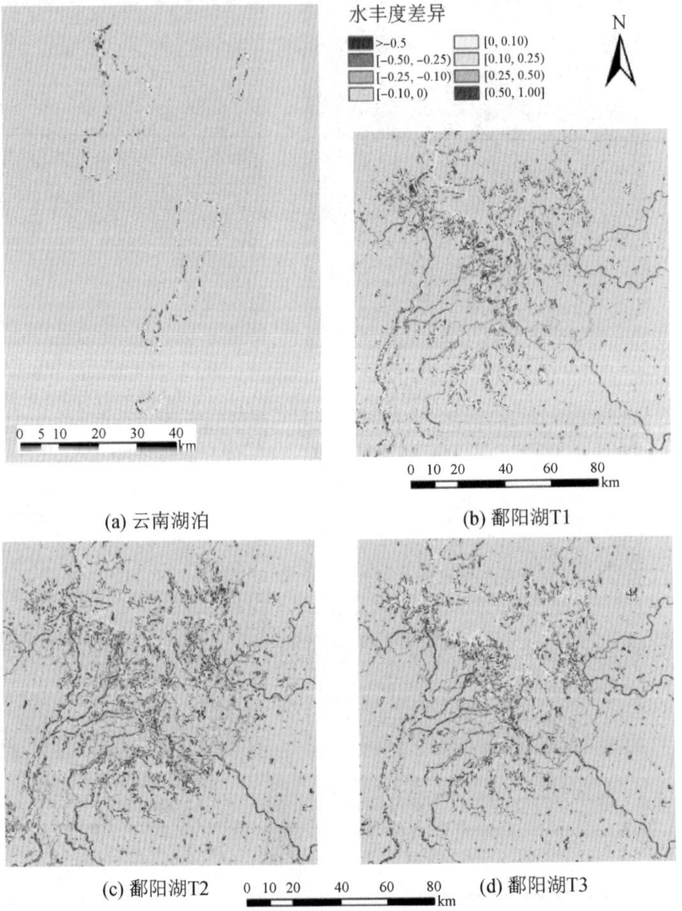

图 3－20　NPP－VIIRS 与 Landsat 获得的水丰度图的差异

表 3 - 5　绝对差值四个级别的像元百分数

研究案例	不同绝对差值级别的像元百分比			
	<0.10	[0.10，0.25)	[0.25，0.50]	>0.50
云南湖泊	39%	27%	24%	10%
鄱阳湖 T1	53%	19%	16%	12%
鄱阳湖 T2	61%	18%	13%	8%
鄱阳湖 T3	54%	20%	16%	10%

另一方面，本案例还采取使用 NPP - VIIRS 与 Landsat 估算湖区面积（见表 3 - 6）[利用公式(3.2)]的方法来评价水丰度图的精度（对于鄱阳湖案例，这里的湖区面积是指整个研究区域的总水域面积）。可见，总体的估算结果比较准确，NPP - VIIRS 与 Landsat 在杞麓湖中估计的结果差异最大，约为 5%，主要原因是湖水面积较小，水体错综复杂。鄱阳湖区域在三个选定日期时的面积有所不同，但 NPP - VIIRS 和 Landsat 都成功捕获了这些区域。T2 在所有三个日期中的差异最大（超过 7%）。基于这些结果，证明了 NPP - VIIRS 图像的降尺度结果总体上能够实现准确的湖水覆盖估计。

表 3 - 6　NPP - VIIRS 与 Landsat 估算的湖区面积及差异

研究案例	湖泊	NPP - VIIRS 获得的水域面积/km^2	Landsat 获得的水域面积/km^2	差异/%
云南湖泊	滇池	289.30	294.26	1.69
	阳宗海	28.84	29.47	2.14
	抚仙湖	212.40	213.83	0.67
	星云湖	31.13	31.86	2.29
	杞麓湖	23.80	22.59	5.36
鄱阳湖 T1	鄱阳湖	2011.32	2093.30	3.92
鄱阳湖 T2	鄱阳湖	2107.93	2277.45	7.44
鄱阳湖 T3	鄱阳湖	2666.81	2766.85	3.62

精度-不确定性指数（包括生产者精度（PA）、用户精度（UA）、总体精度（OA）和 Kappa 系数）是根据每个案例研究中湖泊的 SCM 计算的（见表 3 - 7）。从表 3 - 7 中可以看出，传统精度指数的中心值显示了每个案例研究中精度的基线。结果发现，虽然所有湖泊的总体精度超过 90%，但生产者精度（PA）、用户精度（UA）和 Kappa 系数却大不相同，滇池、阳宗海和抚仙湖在云南湖泊案例研究中的精度相对较高。这些指数相应的不确定性作为每个指数背后的正负值附加，大多数指数的不确定性约为 1%～2%，且 Kappa 系数的不确定性通常小于 0.03。值得注意的是，指数的不确定性越大，中心值的指示意义就越小。总体来说，所有案例研究的湖泊水丰度估算结果均较好，其中云南一些湖泊的精度相对较高，不确定性较小。

表 3-7 基于亚像元的混淆-不确定矩阵(SCM)的湖水丰度估算精度评估

研究案例	湖泊	生产者精度及其不确定性/%	用户精度及其不确定性/%	总体精度及其不确定性/%	Kappa 系数及其不确定性/%
云南湖泊	滇池	95.33±1.05	96.95±1.09	97.94±0.58	0.95±0.02
	阳宗海	92.09±1.78	94.09±1.86	98.26±0.48	0.92±0.02
	抚仙湖	96.91±0.80	97.56±0.81	97.94±0.60	0.96±0.01
	星云湖	90.17 ±1.92	92.22±2.01	95.09±1.14	0.88±0.03
	杞麓湖	93.94±2.52	89.29±2.28	95.93±1.20	0.89±0.03
鄱阳湖 T1	鄱阳湖	75.46±1.72	78.47 ±1.86	94.70±0.50	0.74±0.03
鄱阳湖 T2	鄱阳湖	63.28±1.27	82.88±2.18	92.30±0.57	0.67±0.03
鄱阳湖 T3	鄱阳湖	75.70±1.58	86.80±2.07	93.88±0.67	0.77±0.03

NPP-VIIRS 和 Landsat 模拟的水丰度图都被用作亚像元制图算法的输入数据，各自的比例因子为 25。DMPS 算法的其他参数，例如移动窗口大小(r)和距离衰减模型的指数参数(α)，是通过一系列实验仔细调整和确定的。最终，窗口大小设置为 13，并且对于所有情况，指数参数被赋予最佳值 10。利用这些参数，本研究制作了空间分辨率为 15 m 的降尺度湖泊地图，如图 3-21 所示。

根据图 3-21(a)，通过 NPP-VIIRS 亚像元制图的水丰度图，可生成云南五个湖泊的整体形状，甚至可以反演出湖区边界的一些微小部分。然而，降尺度亚像元制图的湖区边界并不像 Landsat 图像描绘的实际边界线那样平滑。一些微小的地区，如滇池北部的内湖和杞麓湖西南部的湿地，尚未得到合理的定位。与从 Landsat 图像观察到的区域相比，这些区域的边界明显不正确；而 Landsat 模拟水丰度图的亚像元制图结果[见图 3-21(b)]看起来比较合理，即使在错综复杂的地区，所有湖泊的边界线都得到了恰当的重构。对于三个不同时间的鄱阳湖，NPP-VIIRS[见图 3-21(c)、(e)、(g)]的亚像元制图结果看起来不如云南湖泊，它的湖泊边界要复杂得多，汇入的河流也很丰富。主要湖体提取得比较好，但小片区域和支流都未能提取。Landsat 模拟的水丰度图的亚像元制图结果[见图 3-21(d)、(f)、(h)]似乎更好一些，主要的湖体、小片区域，甚至一些支流都提取得较好。

将图 3-21 中所有亚像元制图结果与相应的 Landsat 直接得出的水体按像元进行叠置分析，可以实现亚像元制图的定量精度评估。云南五个湖泊的验证结果如图 3-22 所示，为了获得更好的视觉效果，云南五个湖泊被分成不同尺度的独立地图。漏分误差和错分误差可以直接从图 3-22 中确定，错误主要发生在湖泊相对微小的边界线部分，在 NPP-VIIRS 得出的结果中甚至是显而易见的[见图 3-21(a)～(e)]，在滇池北部和杞麓湖的西南边界出现了显著的漏分误差和错分误差。而 Landsat 模拟的水丰度图的亚像元制图结果[见图 3-22(f)～(j)]显然具有更高的精度，即使在一些错综复杂的区域，错误也非常有限，只有一些极其微小的水域，例

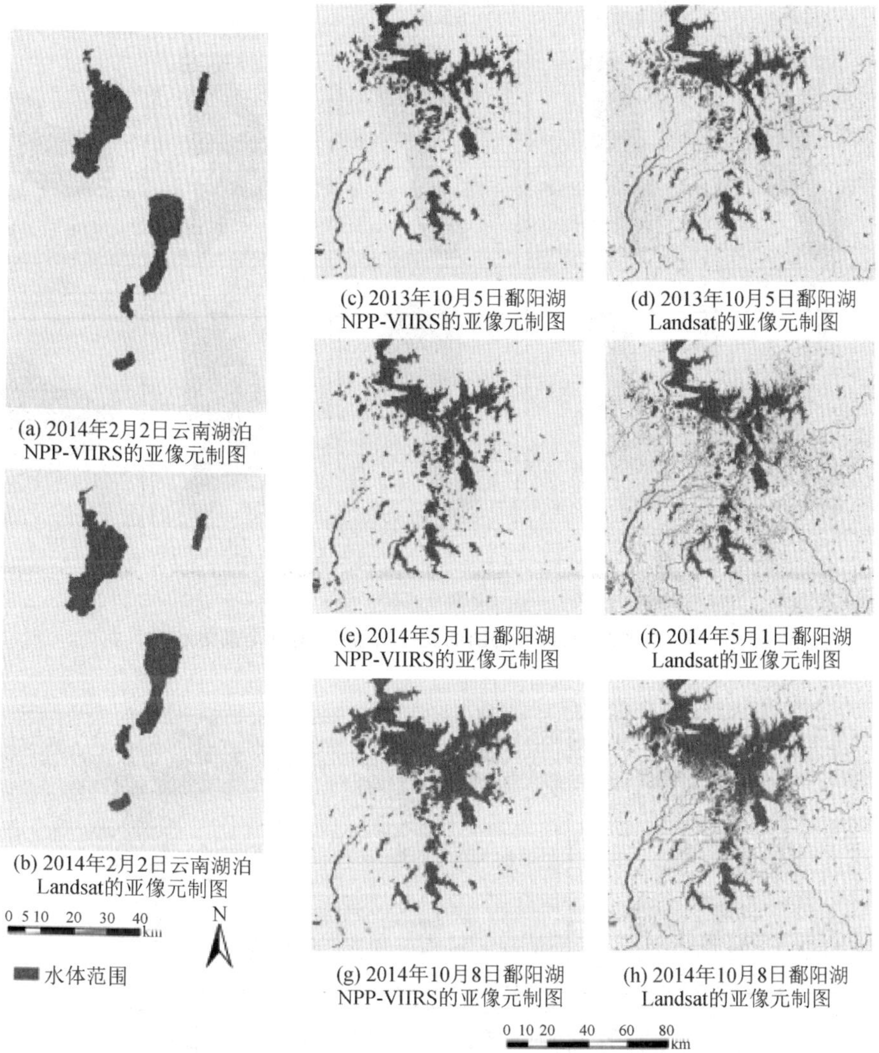

图 3－21　亚像元制图

（注：(a)、(b)用左侧比例尺，(c)～(h)用右侧比例尺）

如杞麓湖西南部的小支流和星云湖以西的支流，有明显的错误。图 3－23 中鄱阳湖的验证结果显示，对三个时间的主要湖体的探测是正确的。但是，NPP－VIIRS 数据的降尺度结果中存在错误，错分误差主要发生在干旱季节水位下降时形成的孤立图斑中，漏分误差通常发生在狭窄的河道中，似乎通过 NPP－VIIRS 降尺度无法正确提取那些较细的水体。相反，Landsat 数据的降尺度结果无论是漏分误差还是错分误差，都非常小，甚至可以正确提取一些支流。

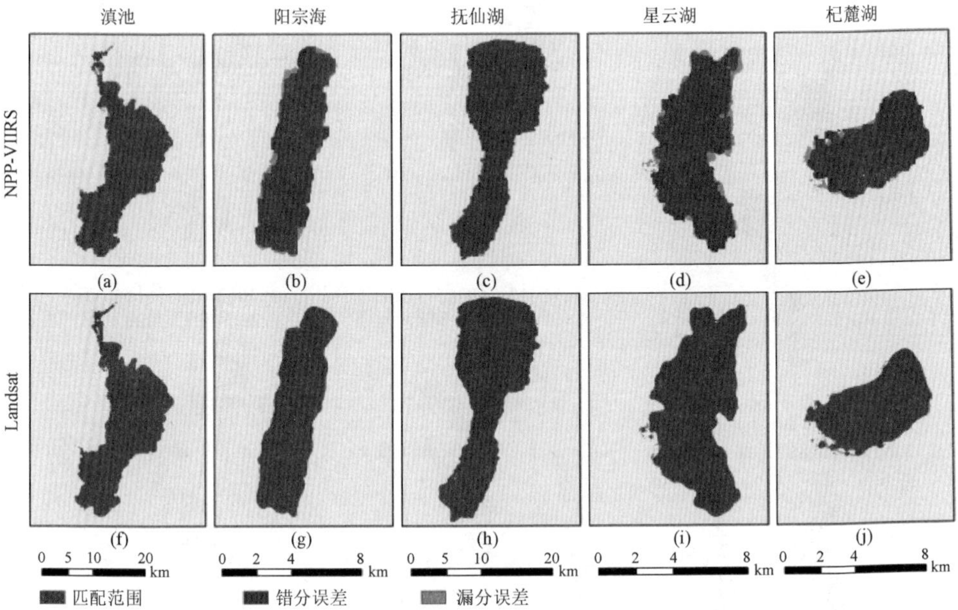

图 3-22 亚像元制图的验证结果(云南五个湖泊)

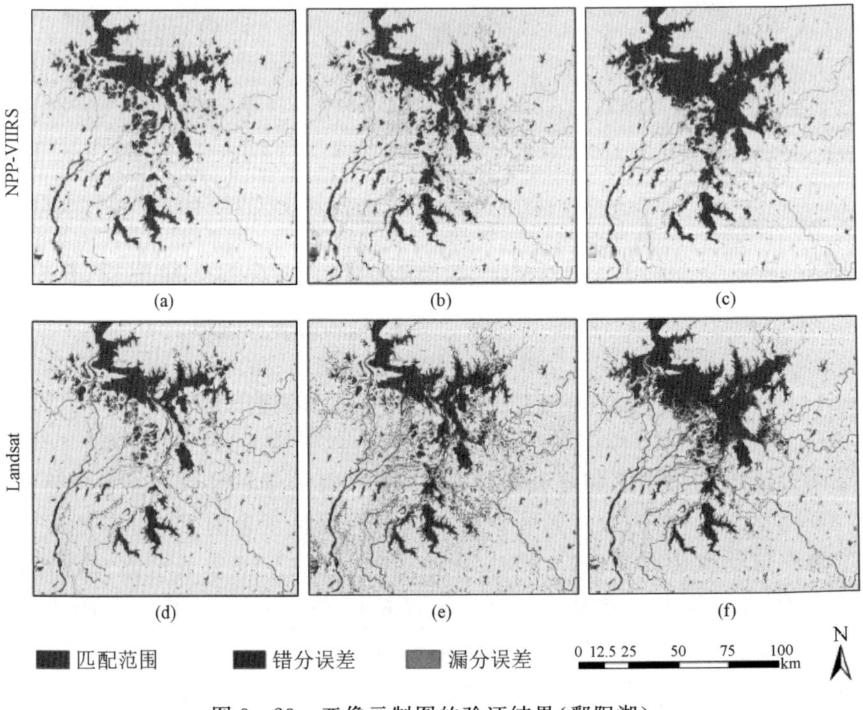

图 3-23 亚像元制图的验证结果(鄱阳湖)

在此基于叠置的地图计算误差百分比以及总体精度和 Kappa 系数，并应用掩膜从水丰度图中排除所有纯像元，以实现更准确地精度评估（见表 3-8）。从表 3-8 中可以明显看出，降尺度地图的精度因湖泊、日期和数据来源而不同，且 Landsat 降尺度的评估误差比 NPP-VIIRS 小得多。对于云南五个湖泊，使用 Landsat 模拟的水丰度图可实现高精度的亚像元制图。即便是最差的一个（杞麓湖），总体精度为 91.32%，Kappa 系数为 0.82，精度较高。在使用 NPP-VIIRS 的水丰度图时，云南五个湖泊的降尺度评估结果具有相对较低的精确度，其中滇池精度最高，总体精度为 80.50%，错分误差为 6.81%，漏分误差为 12.69%，Kappa 系数是 0.61，精度处于中高水平。其他湖泊的精度略低于滇池，表明使用 NPP-VIIRS 的水丰度图作亚像元制图的方法适用于云南湖泊，但精度仍有待提高。鄱阳湖三个案例时期的水体复杂得多，降尺度结果的精度低于云南湖泊，NPP-VIIRS 的降尺度结果具有约 80%的总体精度，超过 10%的漏分误差。使用 Landsat 降尺度分析时，鄱阳湖三个案例时期的总体精度达到 88%左右，Kappa 系数介于 0.62 和 0.69 之间，表明 Landsat 降尺度方法适用但并不完善。表 3-8 中不同降尺度数据源之间的精度比较揭示了仅由水丰度误差引入的不确定性。因此，即使水丰度估算误差很小（见表 3-7），也会显著影响最终的降尺度结果。

表 3-8　不同湖泊 NPP-VIIRS 和 Landsat 降尺度评估结果的精度指数

研究案例	湖泊	降尺度数据源	错分误差/%	漏分误差/%	总体精度/%	Kappa 系数
云南湖泊	滇池	NPP-VIIRS	6.81	12.69	80.50	0.61
		Landsat	2.86	2.83	94.31	0.89
	阳宗海	NPP-VIIRS	8.42	13.24	78.34	0.56
		Landsat	1.59	1.56	96.85	0.97
	抚仙湖	NPP-VIIRS	8.75	12.27	78.98	0.59
		Landsat	2.35	2.32	95.33	0.91
	星云湖	NPP-VIIRS	9.95	14.62	75.43	0.51
		Landsat	2.71	2.66	94.63	0.89
	杞麓湖	NPP-VIIRS	16.25	6.61	77.14	0.55
		Landsat	4.34	4.34	91.32	0.82
鄱阳湖 T1	鄱阳湖	NPP-VIIRS	9.20	11.01	79.79	0.42
		Landsat	5.43	5.43	89.14	0.69
鄱阳湖 T2	鄱阳湖	NPP-VIIRS	4.13	12.02	83.85	0.48
		Landsat	5.74	5.74	88.52	0.62
鄱阳湖 T3	鄱阳湖	NPP-VIIRS	5.96	12.95	81.09	0.46
		Landsat	6.26	6.36	87.48	0.67

本节基于表3-5中的四个绝对差值水平,将NPP-VIIRS混合像元分成四组,对于每个组,通过将误差像元数除以总像元数来重新计算亚像元制图结果中的错分误差和漏分误差的百分比。可以发现,随着水丰度绝对差值增加,水丰度估算精度降低,错分误差和漏分误差的百分比显著增加,从不到5%增加到近70%,这表明水丰度估算结果会严重影响亚像元制图结果。

3.4 小结

混合像元分解与重构技术使得基于中低空间分辨率获得更高空间分辨率的地表水观测结果成为可能。本章的研究结果表明,单纯使用一个SWIR波段利用线性光谱混合模型提取混合像元中的水体丰度是可行的。不过,在进行解混时,端元的选取是至关重要的步骤,如何自动化、准确地选择较好的水陆端元进行解混,是该工作面临的核心难点。本章的研究提出了一个基于移动窗口的直方图方法,利用移动窗口的方式自动地从各待解混像元周边搜寻满足条件的像元作为水陆端元,大大提高了该解混方法的自动化程度和可操作性。不可避免地,目前的解混结果也存在一些误差,未来需考虑进一步加入更准确的辅助信息或引入更加鲁棒的端元确定方法,以改进解混的结果。

亚像元制图是混合像元解混之后对其进行重构的常用方法。针对地表水体的亚像元重构,应考虑其空间分布特点,采取定制的亚像元制图算法,方能取得更好的重构结果。本章针对河流与湖泊两类不同的地表水类型,考虑到河流水体的线状分布特征和湖泊水体的集聚分布特征,分别设计了面向线状河流水体和面向湖泊水体的亚像元制图方法,且通过结合DEM等辅助信息,获得了比传统亚像元制图方法更优的重构结果,也为单一目标地物的重构提供了一种新的思路。

参考文献

ATKINSON P, 2005. Sub-pixel target mapping from soft-classified, remotely sensed imagery[J]. Photogrammetric Engineering & Remote Sensing, 71: 839-846.

GOOVAERTS P, 1997. Geostatistics for natural resource evaluation [M]. New York: Oxford University Press.

HUANG C, CHEN Y, WU J P, 2014. DEM-based modification of pixel-swapping algorithm for enhancing floodplain inundation mapping [J]. International Journal of Remote Sensing, 35: 365-381

HUANG C, CHEN Y, ZHANG S, et al, 2017. Spatial downscaling of Suomi

NPP-VIIRS image for lake mapping [J]. Water, 9: 834.

LI S, SUN D, YU Y, et al, 2013. A new short-wave infrared (SWIR) method for quantitative water fraction derivation and evaluation with EOS/MODIS and landsat/TM data [J]. IEEE Transactions on Geoscience and Remote Sensing, 51(3): 1852 - 1862.

PEKEL J F, COTTAM A, GORELICK N, et al, 2016. High-resolution mapping of global surface water and its long-term changes [J]. Nature, 540 (7633): 418 - 422.

PONTIUS R G, CHEUK M L, 2006. A generalized cross-tabulation matrix to compare soft-classified maps at multiple resolutions [J]. International Journal of Geographical Information Science, 20(1): 1 - 30.

SHENG Y, GONG P, XIAO Q, 2001. Quantitative dynamic flood monitoring with NOAA AVHRR [J]. International Journal of Remote Sensing, 22(9): 1709 - 1724.

SILVÁN-CÁRDENAS J L, WANG L, 2008. Sub-pixel confusion-uncertainty matrix for assessing soft classifications [J]. Remote Sensing of Environment, 112(3): 1081 - 1095.

TARBOTON D G, BRAS R L, RODRIGUEZ-ITURBE I, 1991. On the extraction of channel networks from digital elevation data [J]. Hydrological Processes, 5(1): 81 - 100.

THORNTON M W, ATKINSON P M, HOLLAND D A, 2007. A linearised pixel-swapping method for mapping rural linear land cover features from fine spatial resolution remotely sensed imagery[J]. Computers & Geosciences, 33 (10): 1261 - 1272.

THORNTON M W, ATKINSON P M, HOLLAND D A, 2006. Sub-pixel mapping of rural land cover objects from fine spatial resolution satellite sensor imagery using super-resolution pixel-swapping[J]. International Journal of Remote Sensing, 27(3): 473 - 491.

第 4 章　面向地表水体动态监测的影像时空融合

4.1　概述

在众多可用于地表水监测的光学传感器中，通常存在空间和时间分辨率之间的权衡问题。中高分辨率的图像，如 Landsat 等，由于时间分辨率较低，通常无法捕获快速的水动态事件；空间分辨率相对较低的传感器，如 MODIS 和 NPP - VIIRS 等，可获得逐日的甚至更高频次的数据，但它们对地表水提取的精度较低。此外，通常还需要在传感器的空间分辨率和光谱分辨率之间进行权衡。例如，Landsat 提供多光谱波段，其空间分辨率通常为 30 m，同时，它的全色波段(Pan 波段)带宽更宽，但空间分辨率高达 15 m。

影像融合或图像融合是一种遥感技术，旨在通过整合不同来源的数据来提取更多信息。一般来说，影像融合可以分为两类，第一类是光谱融合，也称 Pan 锐化，它将较低分辨率的多光谱影像与较高分辨率的全色波段影像融合。第二类是时空融合，旨在将高空间分辨率数据与高时间分辨率数据相结合，以实现高的时空分辨率，是解决空间和时间分辨率权衡问题的有效方案。Wu 等(2015)提出一种时空集成温度融合模型，融合多源遥感数据以实现地表温度观测的高时空分辨率。Gao 等(2006)提出了一种空间和时间自适应反射融合模型(STARFM)，通过混合 Landsat 和 MODIS 影像生成每日合成的类似 Landsat 的图像，该模型后来由 Zhu 等(2010)修改为增强型 STARFM(ESTARFM)，通过外部输入影像并考虑混合像元内的空间异质性来改进对复杂异质区域的预测，二者都因其易于实现而得到了广泛应用(Chen et al.，2010)。

Jarihani 等(2014)试图将 Landsat 和 MODIS 影像融合来计算水体指数，并对“先指数再融合”(IB)和“先融合再指数”(BI)方法进行了综合比较，发现 IB 方法在所有包括修正归一化水体指数(mNDWI)等 9 个指数中的表现均优于 BI 方法。然而，他们的研究结果是基于融合后计算的指数与从实际 Landsat 影像计算的指数的差异和偏差的比较，没有检查这些指数在提取地表水时的效果，因而不能直观回答哪种方法更适合地表水制图。

本部分旨在研究使用 Pan 锐化和 ESTARFM 融合 Landsat 和 NPP－VIIRS 影像，以 30 m 分辨率进行地表水制图。本章研究的目标包括：①通过 IB 和 BI 方法融合 Landsat 和 NPP－VIIRS，生成 30 m 分辨率的 mNDWI 图像；②比较两种方法得到的 mNDWI 图像；③通过将融合结果与实际参考的 Landsat 影像进行匹配来评估融合结果。

4.2 研究方法

本章的研究主要分为三步，包括对 NPP－VIIRS 的 I3 波段的 Pan 锐化，将其与 Landsat OLI 影像进行两种方法（IB 与 BI）的融合，最后评估结果。方法流程如图 4－1 所示。

4.2.1 NPP－VIIRS 的全色锐化

Pan 锐化，指将高分辨率全色波段与较低空间分辨率的多光谱波段融合，由此创建高分辨率影像。本章使用 NPP－VIIRS 的 I3 波段进行 Pan 锐化来提升 NPP－VIIRS（M4）绿色波段（计算 mNDWI 的必要波段）的空间分辨率，以便将其空间分辨率从 750 m 提高到 375 m。然后，使用 Pan 锐化的 M4 波段获得 375 m 分辨率的 mNDWI 图像。常用的 Pan 锐化算法包括主成分分析（PCA）、色调饱和度值（HSV）和 Gram-Schmidt（GS）等。其中，GS 是基于组件替换的 Pan 锐化方法，保真度最高，可保持 Pan 锐化前后图像光谱特性的一致性，被广泛应用，因此本章亦选用该方法。

4.2.2 NPP－VIIRS 与 Landsat OLI 融合

1. 时空融合

本章采用 Zhu 等（2010）提出的 ESTARFM 算法来融合 NPP－VIIRS 和 Landsat OLI 数据。该方法设计为在两个基准时刻（t_1 和 t_2）融合五幅图像，包括两对高分辨率和低分辨率数据，并结合预测时刻（t_p）的低分辨率影像，以合成高分辨率图像。融合之前，要对所有图像进行预处理及表面反射率的地理配准。

2. 计算 mNDWI

Xu（2006）使用 SWIR 波段代替 NDWI 中的近红外波段，并提出了修正的归一化水体指数（mNDWI），mNDWI 被定义为绿波段和 SWIR 波段之间的归一化差异。

$$R_{\mathrm{mNDWI}} = \frac{\lambda_{\mathrm{Green}} - \lambda_{\mathrm{SWIR}}}{\lambda_{\mathrm{Green}} + \lambda_{\mathrm{SWIR}}}$$

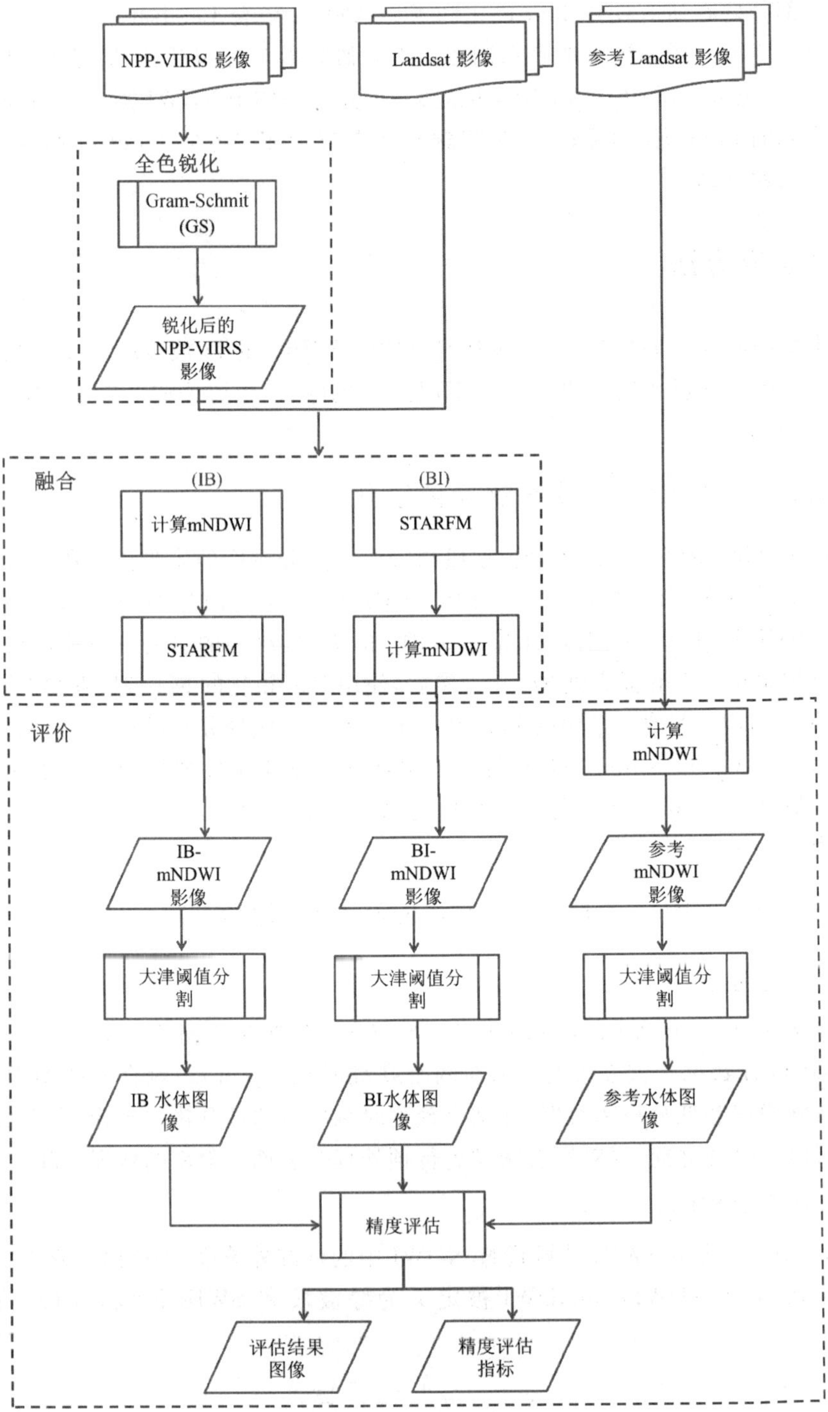
NPP-VIIRS 影像
Landsat 影像
参考 Landsat 影像
全色锐化
Gram-Schmit (GS)
锐化后的 NPP-VIIRS 影像
融合
(IB)
(BI)
计算mNDWI
STARFM
STARFM
计算mNDWI
评价
计算 mNDWI
IB-mNDWI 影像
BI-mNDWI 影像
参考 mNDWI 影像
大津阈值分割
大津阈值分割
大津阈值分割
IB 水体图像
BI水体图像
参考水体图像
精度评估
评估结果图像
精度评估指标

图 4－1　方法流程图

3. 评估融合精度

在预测时刻内从 Landsat OLI 图像计算的 mNDWI 被用作参考 mNDWI，由两种方法（IB 方法、BI 方法）所得的融合影像 mNDWI 为结果 mNDWI，结果 mNDWI 值和参考 mNDWI 值之间的差异是衡量地表水精度的直接指标。为了评估两个合成 mNDWI 图像的地表水监测能力，必须确定适当阈值以从合成 mNDWI 图像中提取水体区域。本研究使用动态阈值方法大津算法（OTSU）来确定每个 mNDWI 图像的最佳阈值。OTSU 方法假定图像包含两类像元，然后计算将两类像元分开的最佳阈值，使得它们的类间方差最大，这是用于分割土地覆盖监测的索引图像的公认算法。本研究通过 OTSU 算法区分水体和陆地，使用由参考 mNDWI 提取的水域作为参考，逐像元构建混淆矩阵来评估两种方法所得水域的精度，包括总体精度、错分误差、漏分误差以及卡帕（Kappa）系数。

4.3　应用案例

4.3.1　研究区和数据

鄱阳湖位于江西省北部和长江中下游南岸（见图 4 - 2），它是中国最大的淡水湖，流域面积 162225 km^2。随着水资源整体减少，鄱阳湖水域在干湿季有大幅波动。在 4 月至 9 月的雨季，洪泛区被淹没，形成一个水域面积超过 3000 km^2 的大湖。在 10 月至次年 3 月的旱季，水域面积可缩小至不足 1000 km^2，形成一条狭窄的曲折河道。湖泊周围建造了堤坝，以控制洪水并促进管理，导致形成了许多小湖泊和支流，特别是在干旱季节，湖泊被分成许多连通和断开的区域。因此，很难确定鄱阳湖的确切边界。本章选择鄱阳湖主要水体（如图 4 - 2 中的矩形所示）作为研究区域，其水域分布格局复杂，水域面积变化频繁。

本章将两种类型的遥感数据（Suomi NPP - VIIRS 和 Landsat OLI）融合，以生成较高分辨率的地表水图。Suomi NPP - VIIRS 图像可从国家海洋和大气管理局综合大阵列数据管理系统（NOAA）下载（http://www. nsof. class. noaa. gov），Landsat 图像可从美国地质调查局（USGS）/陆地过程档案中心（LPDAAC）（http://lpdaac. usgs. gov）和我国地理空间数据云（http://www. gscloud. cn）下载。表 4 - 1 列出了 Landsat OLI 波段及其相应的 Suomi NPP - VIIRS 波段，由于篇幅原因，此处未列出其他 NPP - VIIRS 波段。

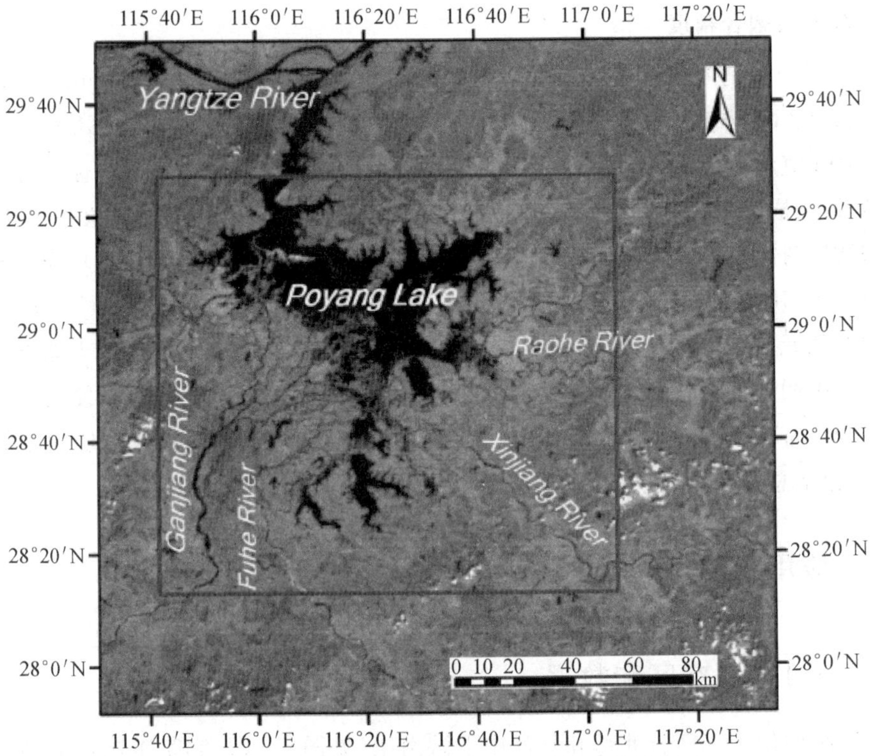

图 4-2 NPP-VIIRS 影像(R3G2B1)显示的研究区

表 4-1 Landsat OLI 和 Suomi NPP-VIIRS 的相应波段及其参数

光谱区间	Landsat OLI 波段	Landsat OLI 波长/μm	NPP-VIIRS 波段	NPP-VIIRS 波长/μm	Landsat OLI 像元大小/m	NPP-VIIRS 像元大小/m
Coastal	1	0.433—0.453	M2	0.436—0.454	30	750
Blue	2	0.450—0.515	M3	0.478—0.488	30	750
* Green	3	0.525—0.600	M4	0.545—0.565	30	750
Red	4	0.630—0.680	M5/I1	0.662—0.682/ 0.600—0.680	30	750/375
NIR	5	0.845—0.885	M7/I2	0.846—0.885/ 0.850—0.880	30	750/375
* SWIR1	6	1.560—1.660	M10/I3	1.580—1.640/ 1.580—1.640	30	750/375
SWIR2	7	2.100—2.300	M11	2.230—2.280	30	750
Pan(全色)	8	0.5000—0.680	—	—	15	—
Cirrus	9	1.360—1.390	M9	1.371—1.386	30	750

* 表示用于计算 mNDWI 数据的波段。

考虑到遥感图像的可用性和质量以及研究区域的水波动状态，本研究选择了三个日期。对于每个日期，收集了一对 Suomi NPP - VIIRS 和 Landsat OLI 图像（见图 4 - 3）。Landsat 图像的列/行是 121/40。2013 年 10 月 5 日和 2014 年 5 月 1 日的 Landsat 和 NPP - VIIRS 数据以及 2014 年 10 月 8 日的 NPP - VIIRS 图像被用作融合的输入，在预测中模拟 Landsat 的图像（2014 年 10 月 8 日）。2014 年 10 月 8 日的实际 Landsat 图像被用作参考图像，以评估融合结果。

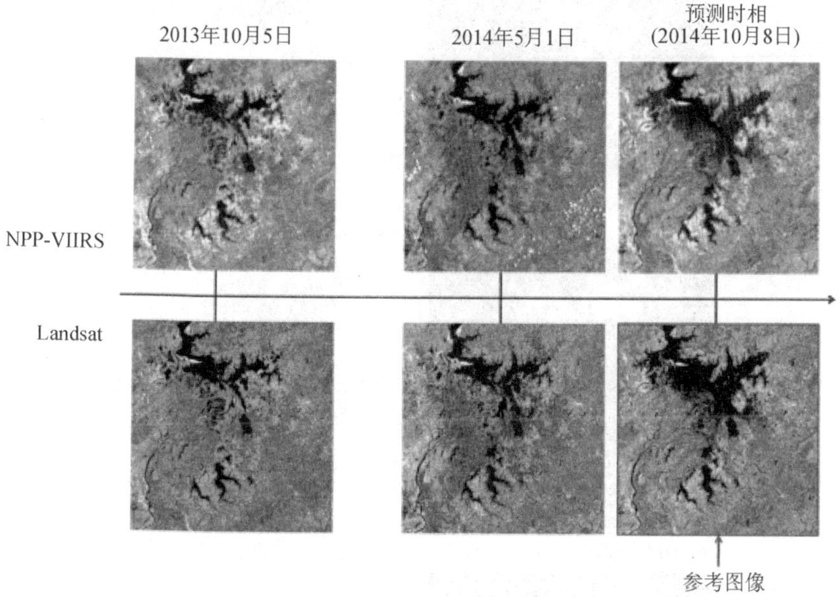

图 4 - 3　三组 Suomi NPP - VIIRS 和 Landsat OLI 影像

4.3.2　结果与分析

1. 融合结果

对于 IB 方法，首先计算包括三幅 Pan 锐化的 NPP - VIIRS 和两幅 Landsat 输入图像的 mNDWI，然后使用 ESTARFM 算法融合 mNDWI 图像，并在预测时刻（2014 年 10 月 8 日）产生合成的 30 m 分辨率 mNDWI 图像。对于 BI 方法，首先使用 ESTARFM 算法将 Pan 锐化后的 NPP - VIIRS 图像与 Landsat 图像融合，然后生成融合影像的图像，再计算指数。IB、BI 与预测时刻真实 Landsat 影像所得 mNDWI 与水体分布图如图 4 - 4 所示。

本研究使用 OTSU 算法，分别选择三幅 mNDWI 图像的阈值，以 0.01 的步长测试 −0.4 至 0.4 的候选阈值，计算水体和非水体的类间方差（见图 4 - 5）。可见，从实际 Landsat 得到的 mNDWI 图像的类间方差最高，代表其区分水体的能力最佳,IB方法的结果次之,BI方法得到的mNDWI图像的类间方差最低。最后,本研究确定了IB融合结果、BI融合结果和实际Landsat的阈值分别为0.18、0.21和0.23(如图4-5中的点符号所示)。

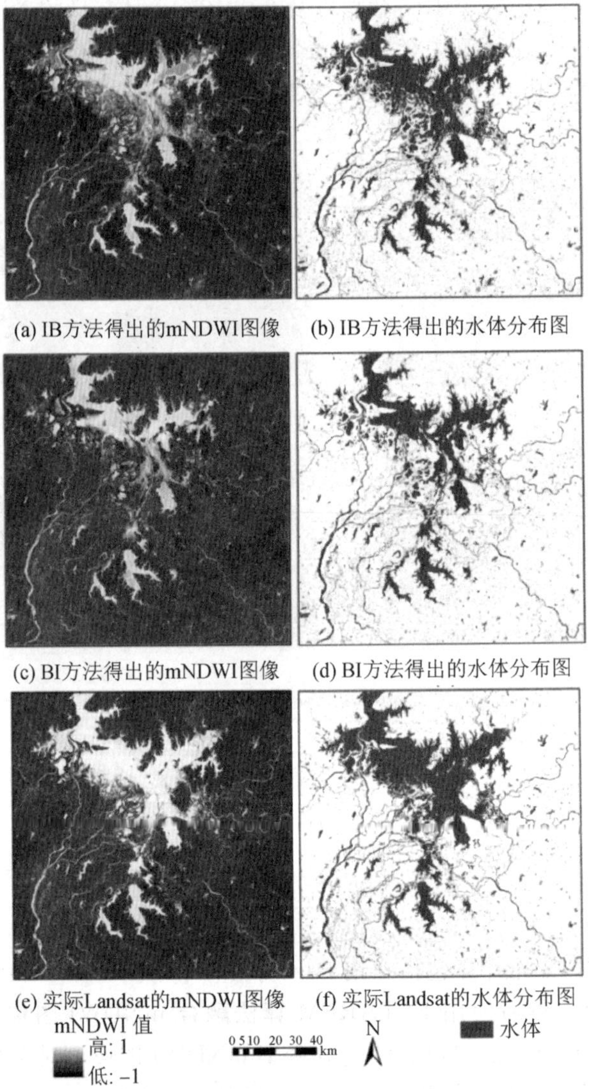

图4-4 融合结果图

由图4-4可知,显然IB和BI方法的融合结果可以合理地绘制水域,恢复小型孤立的水体甚至狭窄的河流。然而,BI结果显然低估了水域,这个被低估的地区是一个洪泛湿地区域,洪水泛滥变化剧烈。这种融合方法综合了不同时期的表

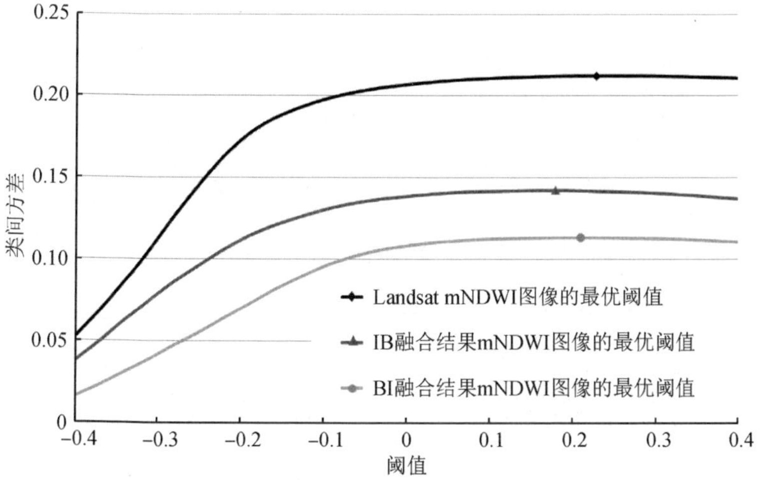

图 4-5　三个 mNDWI 图像上的不同阈值的类间方差以及它们的最佳阈值

面反射率，可能会引入一些误导性的信息，导致水域误判。相反，在洪泛湿地区域，IB 的结果较好。造成两种融合方法之间差异的原因可参考 Jarihani 等(2014)的研究。

2. 比较与评估

使用真实 Landsat 图像用于验证两种方法的结果，验证主要涉及两个方面：一是直接比较 mNDWI 图像，二是评价水体分布图的精度。将两种方法的结果 mNDWI 图像分别与真实的 Landsat mNDWI 图像重叠，可以量化它们的预测准确度，生成 IB[见图 4-6(a)]和 BI 结果[见图 4-6(b)]的 mNDWI 差异图。尽管 IB 方法偶尔会出现显著差异，但总体来看，此方法产生的差异小于 BI 方法。相反，BI 结果与 Landsat 之间的 mNDWI 差异相对较高，高估非水域中的 mNDWI 值并低估水域中的 mNDWI 值。

本研究使用实际 Landsat mNDWI 图像作为参考，计算均值偏差和均方根偏差(RMSD)。IB 所得 mNDWI 图像与实际 mNDWI 的均值偏差为 0.011，RMSD 为 0.040，而 BI 衍生的 mNDWI 图像均值偏差为 0.033，RMSD 为 0.069。通过拟合融合指数和参考指数之间的线性回归可见，IB 结果的相关系数(R^2)为 0.81，BI 结果的相关系数(R^2)为 0.78。很明显，IB 方法优于 BI 方法。这一发现与 Jarihani 等(2014)的观点一致。

本研究将两种融合方法的水体分布图与真实 Landsat 水体分布图叠置分析，逐像元构建混淆矩阵(见图 4-7)。IB 结果中的错分和漏分误差较少，而 BI 结果中存在大量遗漏但几乎没有错分误差。这意味着 BI 方法显然低估了水域，且主要

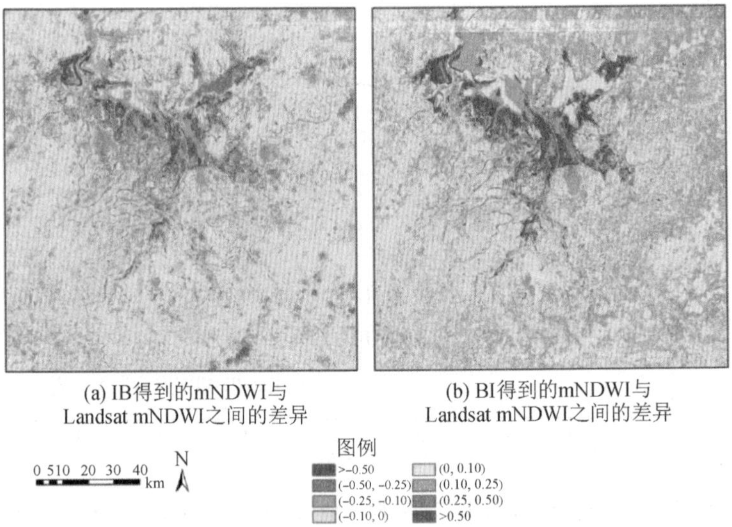

图 4-6　差异图

是湖的西部和南部,那里有广阔的洪泛平原湿地。这些区域在时刻 1(即 2013 年 10 月 5 日)和时刻 2(即 2014 年 5 月 1 日)未被淹没,但在时刻 3(即 2014 年 10 月 8 日)被淹没,故计算出的融合 mNDWI 值明显低于实际 mNDWI 值。但是,如果应用 IB 方法,这些区域的融合 mNDWI 值将更接近于实际 mNDWI 值。评估结果如图 4-7 及表 4-2 所示。

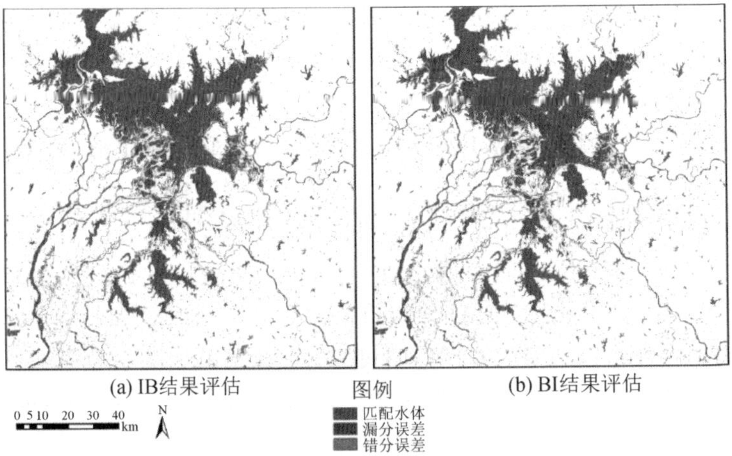

图 4-7　评估结果

表 4-2 基于指数的准确性评估结果

融合方法	漏分误差/%	错分误差/%	总体精度/%	Kappa 系数
IB	2.72	1.02	96.26	0.87
BI	5.04	0.39	94.57	0.80

4.4 小结

地表水动态监测通常需要高空间分辨率和高时间分辨率，特别是在洪水淹没情况下。但是，卫星遥感传感器的空间分辨率和时间分辨率之间往往存在相互制约的现象，这使得对地表水进行高精度的密集监测的难度增加。

本章将 Suomi NPP - VIIRS 数据与 Landsat 卫星数据进行融合，以获得高空间分辨率和高时间分辨率，提高对地表水监测的能力。本研究采用了广泛接受的 mNDWI 水体指数，并测试了两种方法，即先指数后融合(IB)和先融合后指数(BI)。研究发现，Suomi NPP - VIIRS 可替代 MODIS 影像与 Landsat 数据融合，以实现 30 m 分辨率地表水的逐日监测。通过与参考的 Landsat 提取结果进行对比发现，两种方法均能得到较为准确的结果。这说明 ESTARFM 不仅能用于融合反射率影像，而且能够用于融合水体指数图像。此外，使用 IB 方法生成的水体分布图精度更高。与 IB 方法相比，BI 方法普遍低估了地表水的分布，特别是在预测水域面积急剧扩大的时期。此外，BI 方法需要首先融合多个光谱波段，故而相对于 IB 方法，也需要耗费更多的精力。可见，IB 方法不仅可以节省计算时间，而且能够获得更好的结果。本章的发现可为其他类似的研究提供借鉴，尤其是对于影像融合的不同应用，如植被覆盖监测等。

参考文献

CHEN B, GE Q, FU D, et al, 2010. A data-model fusion approach for upscaling gross ecosystem productivity to the landscape scale based on remote sensing and flux footprint modelling [J]. Biogeosciences, 7(9): 2943 - 2958.

GAO F, MASEK J, SCHWALLER M, et al, 2006. On the blending of the landsat and MODIS surface reflectance: Predicting daily landsat surface reflectance[J]. IEEE Transactions on Geoscience and Remote Sensing, 44 (8): 2207 - 2218.

JARIHANI A A, MCVICAR T R, VAN NIEL T G, et al, 2014. Blending landsat and MODIS data to generate multispectral indices: A comparison of "index-then-blend" and "blend-then-index" approaches[J]. Remote Sensing, 6(10): 9213 - 9238.

WU P, SHEN H, ZHANG L, et al, 2015. Integrated fusion of multi-scale polar-orbiting and geostationary satellite observations for the mapping of high spatial and temporal resolution land surface temperature[J]. Remote Sensing of Environment, 156: 169 - 181.

XU H, 2006. Modification of normalised difference water index (NDWI) to enhance open water features in remotely sensed imagery[J]. International Journal of Remote Sensing, 27(14): 3025 - 3033.

ZHU X, CHEN J, GAO F, et al, 2010. An enhanced spatial and temporal adaptive reflectance fusion model for complex heterogeneous regions[J]. Remote Sensing of Environment, 114(11): 2610 - 2623.

第 5 章 面向地表水提取的不确定性研究

5.1 研究背景

地表水，是指陆地表面上静态水和动态水的总称，也称“陆地水”，主要包括河流、湖泊、沼泽等。准确地提取地表水范围是水文研究的必要环节，同时对于把握流域的水文情势、理解流域的水文特征具有重要意义（Yamazaki et al.，2014)。遥感技术作为先进的对地观测手段，具有多尺度、多时相、全方位、高效率等优势，可以作为传统地表水观测的完美补充与拓展（卢善龙 等，2010)。近年来，包括 Landsat - 8、Sentinel - 1 和 Sentinel - 2 等在内的一系列卫星计划，已开始获取高质量的对地观测遥感数据，适中的空间分辨率、固定的重访周期、全球的覆盖范围以及免费开放获取的数据政策（Zhu et al.，2019)，使它们成为目前乃至未来数年内地表水范围监测的核心遥感数据源，尤其是在一些使用传统方法时观测难度较大、观测成本较高的流域，遥感手段为其周期性重复观测提供了良好的基础。所以，利用遥感技术进行地表水范围的提取研究一直是水文研究领域的热点话题之一。

已经有大量研究提出了关于利用光学影像以及雷达影像提取地表水范围的一系列的方法，并且日趋完善，比如水体指数法（Xu，2006)、阈值分割法（Frazier et al.，2000；Long et al.，2014)等。但是，这些方法得到的结果往往都会存在一定程度的不确定性。比如，在利用水体指数法通过光学遥感影像进行地表水范围提取时，常常需要设定一个阈值进行图像分割，而那些水体指数值与分割阈值接近的像元，不论是识别为水体还是非水体，均有较大的不确定性（Yamazaki et al.，2015)。这种不确定性基本来自两个方面：一是混合像元，二是成像质量。虽然一些研究针对混合像元的分解与重构方法进行了系统性分析（Huang et al.，2014，2015)，并且发现通过该类方法确实可以在一定程度上提高水体提取的空间分辨率和精度，但光谱分解模型和亚像元制图方法依然会带来一系列的不确定性（Giustarini et al.，2015)。而且遥感影像尤其是雷达影像自身的性质，比如成像模式、分辨率等，都会使得分类结果具有不同程度的不确定性。除此之外，还有其他因素也会影响遥感影像的地表水范围判读，比如对于光学影像，云覆盖、云阴影及山体阴影,以及水色变化导致的光谱异常等,均可能影响水体识别结果的可信度;而对于雷达影像,虽然不受云的影响,但地形因素依然会对其水体的解译造成明显影响 (Huang et al., 2017)。

所以,不确定性是进行地表水遥感提取研究的核心和关键问题,并且有部分研究开始聚焦于此。对于雷达遥感影像,Refice 等(2013)提出了一种结合辅助数据估算 SAR 图像像元洪水淹没后验概率的半自动方法。Westerhoff 等(2013)使用了长时期的训练样本数据集,构建概率模型并根据后向散射值和入射角大小来估算 SAR 图像像元隶属于水体的条件概率。Giustarini 等(2016)基于 SAR 图像的后向散射直方图分解得到与水体和非水体相关的后向散射值的概率分布函数,并用该函数来估算各个像元为水体的概率。对于光学遥感影像,Jia 等(2018)基于光谱匹配的方式估算 Landsat 像元为水体的概率,并结合粒子群优化的方法实现对水体的最佳判读。然而,光谱匹配的方法不能很好地解决山体阴影的问题,这在一定程度上限制了该方法在山区的应用。

综上所述,通过概率来定量表达地表水遥感提取的不确定性是目前常用的手段,但是上述方法的原理、尺度和准确性都不尽相同,进而难以保证地表水概率结果的一致性,同时也就很难进一步通过多源遥感数据的融合来减小不确定性,限制了结果的改进。因此,本章面向地表水的不确定性提取,提出了一种后验概率支持向量机算法 (PPSVM),旨在建立统一的地表水识别提取框架并通过概率来量化不确定性。

5.2 研究方法

由于本章采用 Landsat-8 影像作为模型的基本输入,考虑到光学遥感影像中常常会存在云和云阴影的覆盖,所以我们首先运用 Fmask 算法 (Zhu et al., 2012) 识别出云和云阴影并将其所遮蔽的像元标注为不可信像元,以避免后续它们对地表水判读的干扰。与此同时,Fmask 算法能够提取出不受干扰的稳定纯水体和陆地像元,这些像元可作为训练样本使用。接下来,通过 Landsat-8 影像各个波段水体和陆地的地表反射率值之间差异的对比,为支持向量机的特征集选择合适的波段。此外,为了减少在山区由于山体阴影造成的对地表水判读的影响,本章将通过数字高程图(SRTM DEM)获得的高出最邻近河道高程(height above nearest drainage, HAND)指数也加入特征集。然后把基于该特征集并结合训练样本的像元一起输入后验概率支持向量机模型,通过该模型识别地表水范围并通过获得的后验概率来量化不确定性。最后通过基于直方图分析得到的阈值将概率图像转化为水陆二值图像,并结合空间分辨率更高的 Sentinel-2 影像对其进行精度评定。通过与传统的归一化水体指数(NDWI)和改进的 NDWI(mNDWI)方法的比较,明确了本章所使用模型在准确性和稳定性方面的优势，突出了后验概率支持向量机模型的优点。方法流程见图 5－1。

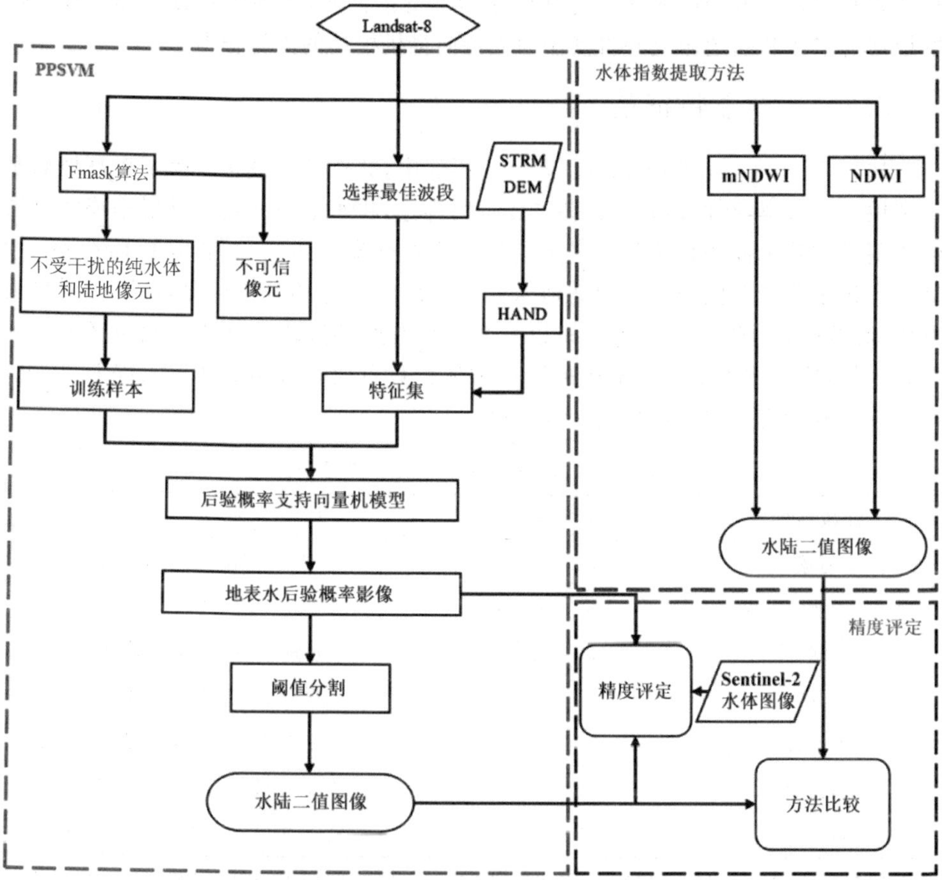

图 5－1　方法流程图

5.2.1　Fmask 算法

Fmask 算法是著名的识别光学影像中云、云阴影、雪像元的方法之一（Zhu et al.，2012）。该方法首先根据云的物理属性将潜在的云像元(PCP)和晴朗的天空像元分离，然后结合归一化的温度概率、光谱变异性概率和亮度概率来获得陆地和水域的云概率掩模。最后，将 PCP 和云概率掩模一起使用来生成云层，通过使用近红外(NIR)波段的 flood-fill 转换获得云阴影层。Zhu 等(2012)通过对 Fmask 方法的整体验证，发现该方法不仅精度高，而且稳定性好。之后，根据使用该方法后用户的大量意见和建议，Zhu 等(2015)提供了该方法的改进版本，而且改进算法在原始算法的基础上增加了卷云概率,使其更适合 Landsat-8 和 Sentinel-2 图像。改进后的方法与以前的版本相比,具有更高的效率。本章采用改进的 Fmask 算法识别出云和云阴影像元后将其标注为不可信像元,不参与计算,与此同时,提取稳定的水体和陆地像元并将其作为支持向量机模型的训练样本。

5.2.2 建立特征集

如表 5-1 所示,在 Landsat-8 OLI 影像中,共有 7 个波段。为了提高地表水识别模型的效率,我们需要对这些波段进行筛选,将水陆像元地表反射率值区分度较为明显的几个波段作为该模型的特征加入特征集。图 5-2 显示了 Landsat-8 OLI 影像中 7 个波段纯水体和陆地像元地表反射率值的分布情况,可以很明显地看出,红波段、绿波段、近红外波段以及两个短波红外波段的水陆像元值区分度较大。另外,这些波段也通常被用来计算水体指数,比如 NDWI 和 mNDWI。因此,以上五个波段将被作为特征加入特征集。

表 5-1 Landsat-8 OLI 影像波段介绍

波段名称	波长/μm	介绍
超蓝	0.435～0.451	波段 1(超蓝)地表反射率
蓝	0.452～0.512	波段 2(蓝)地表反射率
绿	0.533～0.590	波段 3(绿)地表反射率
红	0.636～0.673	波段 4(红)地表反射率
近红外	0.851～0.879	波段 5(近红外)地表反射率
短波红外 1	1.566～1.651	波段 6(短波红外 1)地表反射率
短波红外 2	2.107～2.294	波段 7(短波红外 2)地表反射率

另外,考虑到水体分布和地形的密切关系,在模型中加入地形数据可以对地表水的识别以及提取提供帮助。因此,由 SRTM DEM 数据计算得到的 HAND 指数也被加入特征集中。HAND 指数是指每个像元距离其最近汇水像元的高度差。生成 HAND 指数通常需要两步:首先,对经过填平等基本预处理步骤的数字高程图像(DEM)数据计算累积流量,并基于该流量信息提取汇水像元网络。其次,计算每一个数字高程模型像元与距离其最近汇水像元的高程差,即为该像元的 HAND 指数。有关 HAND 指数的更多定义可参考 Huang 等(2017)的研究。与原始的地形数据相比,HAND 指数与地表水概率的关系更加密切。

综上所述,六个特征元素包括 Landsat-8 OLI 影像中对水陆像元分辨力较强的 5 个波段(绿波段、红波段、近红外波段、短波红外波段 1、短波红外波段 2)以及通过分辨率为 1 弧秒的 SRTM DEM 数据得到的 HAND 指数,都被选用于构建支持向量机分类器的特征集。

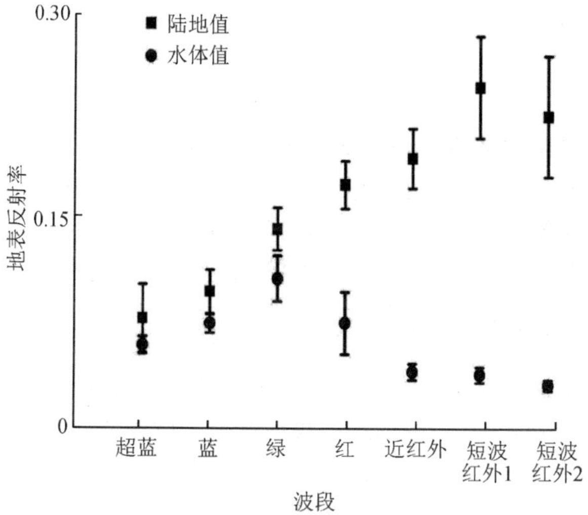

图 5－2　Landsat－8 OLI 影像各波段水体、陆地像元地表反射率值分布情况

5.2.3　后验概率支持向量机模型

支持向量机(SVM)是一种机器学习监督分类模型（Cortes et al.，1995)，已经在模式识别、分类以及回归分析等诸多领域得到了较为广泛的应用。在支持向量机模型中，特征集是一组向量，它可以是数字或者逻辑值，特征集中的每一个元素都对应着训练样本的相应值（Barman et al.，2020)。SVM 的主要优点在于其分类能力，可以使用不同的内核函数来解决非线性问题。它被广泛用于二进制分类。最初，SVM 的思想是找到一个超平面，并尽可能地以最合理的边界将两个类别分开。地表水的识别提取就是一个典型的二进制分类问题，它将遥感图像像素分为水和非水。

因此，在本章中，使用由六个元素组成的特征集，为地表水的识别提取建立支持向量机模型。设置 $T_{xy}=[($绿波段$_1$，红波段$_1$，近红外波段$_1$，短波红外波段 1_1，短波红外波段 2_1，HAND$_1$)，(绿波段$_2$，红波段$_2$，近红外波段$_2$，短波红外波段 1_2，短波红外波段 2_2，HAND$_2$)，…，(绿波段$_n$，红波段$_n$，近红外波段$_n$，短波红外波段 1_n，短波红外波段 2_n，HAND$_n$)] 为具有 n 个样本的训练样本集。使用 $\boldsymbol{x}_i$ 表示特征集中的第 i 个特征向量，$y_i\in[1,2,3,4,5,6]$ 代表着每个特征向量的六个元素，则支持向量机模型的判别式为

$$f(x)=\sum_{i}^{N}y_i a_i K(x,x_i)+b \tag{5.1}$$

在公式(5.1)中，a_i 为拉格朗日乘数，$K(x, x_i)$ 为内核函数，b 为分类阈值。具有不同内核函数的 SVM 模型生成的算法也不尽相同（Jiao et al.，2011)。

SVM 的一般判决输出式为

$$D(x)=\begin{cases}1, & f(x)>0\\ 2, & f(x)<0\end{cases} \tag{5.2}$$

为了指明结果是水体像元还是非水体像元,$D(x)$ 在分类完成后为每个像元赋值 1 或 2,来表示该像元为水体像元或者非水体像元。传统的 SVM 模型不会对其分类的不确定性做出任何估计,然而,可以应用 Platt 变换来导出每个像元被识别为水体的后验概率。公式(5.3)为通过 Platt 变换后验概率的算法:

$$P_{Y|x}(Y=\text{water} \mid f,\boldsymbol{\theta})=\frac{1}{1+\exp(Af(x)+B)} \tag{5.3}$$

$P_{Y|x}(Y=\text{water} \mid f,\boldsymbol{\theta})$ 代表像元 x 属于水体类别的概率值,参数矢量 $\boldsymbol{\theta}=[A, B]^{\mathrm{T}}$ 可以基于公式(5.4)中的训练集通过最大似然估计来获得:

$$\boldsymbol{\theta}=\operatorname{argmax}_{\theta'}L(\theta' \mid T_{xy}) \tag{5.4}$$

其中,L 为对数似然函数,如公式(5.5)中所示:

$$L(\boldsymbol{\theta} \mid T_{xy})=\sum_{i=1}^{k}\log_{P_{Y|x}}(y_i \mid f(x_i),\boldsymbol{\theta}) \tag{5.5}$$

之后,将通过计算得到的 A、B 参数代入公式(5.3)中,得到像元属于水体类别的后验概率。

5.2.4 传统的地表水水体指数提取方法

目前,已经有很多从光学遥感影像上识别地表水像元的方法。水体指数法是一种简单高效地提取地表水的方法。很多水体指数,比如 NDWI (McFeeters, 1996)[公式(5.6)]、mNDWI (Xu, 2006)[公式(5.7)]都已经在这一领域得到了十分广泛的运用。不难发现,每一种水体指数都有着各自不同的特点,很难说哪一种水体指数相较于其他指数有着很明显的优势 (Huang et al., 2018)。因此,本章选用两种水体指数(NDWI 和 mNDWI)作为传统地表水水体指数提取方法的代表,并在使用相应的波段导出水体指数图像之后,使用确定的阈值将水体指数图像分割为二值水陆图像。

$$R_{\mathrm{NDWI}}=\frac{\lambda_{\text{绿波段}}-\lambda_{\text{近红外波段}}}{\lambda_{\text{绿波段}}+\lambda_{\text{近红外波段}}} \tag{5.6}$$

$$R_{\mathrm{mNDWI}}=\frac{\lambda_{\text{绿波段}}-\lambda_{\text{中红外波段}}}{\lambda_{\text{绿波段}}+\lambda_{\text{中红外波段}}} \tag{5.7}$$

在公式(5.7)中,中红外波段对应于表 5-1 中的短波红外 1 波段。

5.2.5 精度评价

1. 后验概率结果的精度评价

在本章中,后验概率图像的精度通过计算其与验证图像的加权均方根误差

(E_{wrms})来评定。其主要计算步骤如下（Giustarini et al.，2016）：

首先，将地表水后验概率影像中的概率值[0,1]划分为若干个确定数量(N)的相同长度的小区间，在本章中，设置 N 的值为 10，即[0,0.1]，[0,1,0.2]，…，[0.9，1.0]为等长区间 U。

其次，对于每一个等长区间 U_i，计算概率值属于该区间的像元在基于 Sentinel－2 得来的验证影像上的相应像元为地表水的数量(A_i)。而概率值属于该区间的像元总数为 T_i，则 A_i 除以 T_i 即为在区间 U_i 上实际地表水所占像元的百分比 F_i。

最后，通过公式(5.8)以及每个等长区间上的后验概率均值(V_i)计算得到 E_{wrms} 值。

$$E_{\mathrm{wrms}}=\sqrt{\frac{\sum_{i=1}^{N}(V_i-F_i)^2T_i}{\sum_{i=1}^{N}T_i}} \tag{5.8}$$

E_{wrms} 表示模型所得的后验概率结果分布与验证参考图像的水体像元分布的接近程度。该值越接近 0，说明地表水后验概率图像的精度越高。

2. 水陆二值图像的精度评价

本章使用通过直方图确定的阈值对地表水后验概率进行阈值分割，得到水陆二值图像。同时，使用一系列常用的精度评价指标，比如总体精度、错分误差、漏分误差、Kappa 系数，以及临界成功指数来评定水陆二值图像的准确度，参考图像使用对 10 m 空间分辨率的 Sentinel－2 影像进行严格目视解译得到的水体图像。当然，在进行精度验证之前，首先将水陆二值图像的空间分辨率通过最邻近重采样法重采样到 10 m。

假设 A 为在参考图像和结果图像上均为水体的像元数量，B 为在参考图像上为水体但在结果图像上为陆地的像元数量，C 为在参考图像上是陆地但在结果图像上为水体的像元数量，D 为在参考图像和结果图像上均为陆地的像元数量，则总体精度为正确分类的像元数量占像元总数的比例，即

$$\text{总体精度}=\frac{A+D}{A+B+C+D} \tag{5.9}$$

错分误差是指被错分为水体的像元占像元总数的比例，即

$$\text{错分误差}=\frac{C}{A+B+C+D} \tag{5.10}$$

漏分误差是指被错分为陆地的像元占像元总数的比例，即

$$\text{漏分误差}=\frac{B}{A+B+C+D} \tag{5.11}$$

Kappa 系数是估量分类精度的重要指标之一,可通过公式(5.12)来计算,其中,P_0 为总体精度,P_1 通过公式(5.13) 计算得到。在公式(5.13) 中,N 为像元的总数,T_{water} 以及 T_{land} 为参考图像中水体和陆地像元的数量,R_{water} 以及 R_{land} 是结果图像中水体和陆地像元的数量。

$$\text{Kappa 系数} = \frac{P_0 - P_1}{1 - P_1} \tag{5.12}$$

$$P_1 = \frac{T_{water} \times R_{water} + T_{land} \times R_{land}}{N^2} \tag{5.13}$$

临界成功指数也是评估分类准确性的指标之一,该指标的优势在于其较小地受到非水体像元夸大的影响,其计算公式为

$$\text{临界成功指数} = \frac{A}{A + B + C} \tag{5.14}$$

5.3 应用案例

5.3.1 试验研究区

本章选择了三个具有不同地理环境和水文特征的河段作为试验研究区,包括了黑河的正义峡和莺落峡河段以及疏勒河的双塔堡河段。正义峡河段位于黑河的中下游,存在大量的沙洲和分叉道,这些沙洲和分叉道使得地表水的提取难度增大。莺落峡河段位于黑河的中上游,位于山地区域,存在的大量山体阴影对地表水的提取造成影响。双塔堡河段位于疏勒河的下游,地形平坦,河流蜿蜒狭窄,并且存在着丰富的湿地。以上几个河段包含了造成遥感影像地表水提取困难的几种典型情况。为了更好地展示在一些关键区域地表水提取的细节,本章专门选取了 9 个小区域,如图 5-3 所示。这些区域的河宽在 30 m 到 100 m 之间。本章在每个试验河段内进行地表水提取,并特别展示了 9 个小区域的结果。

5.3.2 数据

在本章中,地表水的提取工作是通过 Landsat-8 陆地成像仪(OLI)来进行的。对于每个试验区,Landsat-8 地表反射率都是通过 Google Earth Engine (GEE)来进行收集并输入支持向量机分类器中的(见表 5-2)。一弧秒空间分辨率的航天飞机雷达地形测绘使命(shuttle radar topography mission, STRM) DEM 数据同样在 GEE 上被收集,作为生成 HAND 指数的初始数据 (Rennó et al., 2008; Nobre et al., 2011)。考虑到 Sentinel-2A/2B 天顶反射率产品中的几个波段(包括近红外波段)具有较高的空间分辨率(10 m),在此使用与 Landsat-8 影像时间接近的

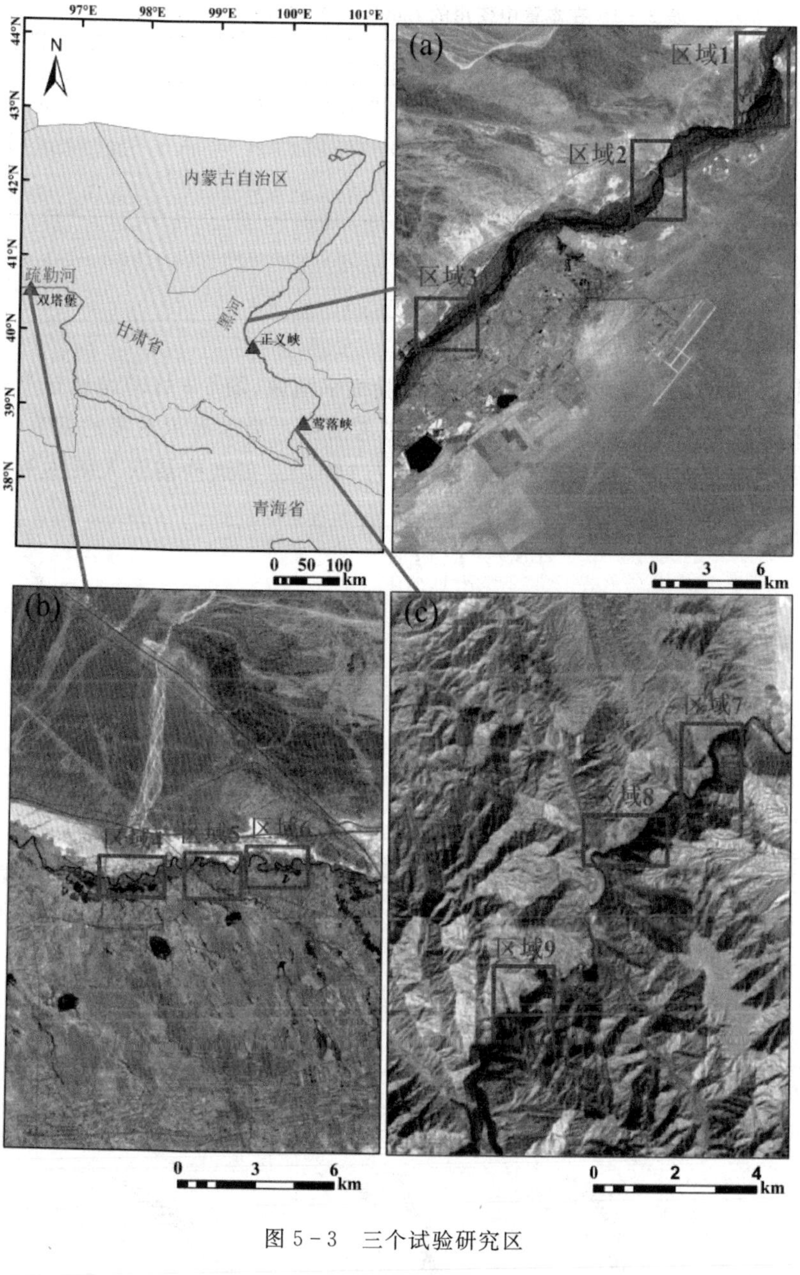

图 5-3　三个试验研究区

该产品作为地表水提取结果精度评定的参考数据源，对其进行严格的目视解译并结合谷歌地球(Google Earth)软件影像进行修正，从而得到可靠的 10 m 分辨率水体图像作为参考数据。

表 5-2　在本章中使用的 Landsat-8 和 Sentinel-2 数据

研究区	Landsat-8 影像行列号	Landsat-8 影像日期	Sentinel-2 影像日期
正义峡	134/32	2019-03-23	2019-03-22
双塔堡	136/32	2019-03-21	2019-03-18
莺落峡	134/33	2019-03-23	2019-03-22

5.3.3　结果与讨论

1. 后验概率结果

图 5-4(a)是正义峡河段的地表水后验概率图像,图 5-4(b)是通过严格目视解译稍早一天的 Sentinel-2 影像得到的参考图像。为了显示更多的细节,三个小区域(区域 1～3)同时被放大展示[见图 5-4(c)]。在这些被放大展示的小区域

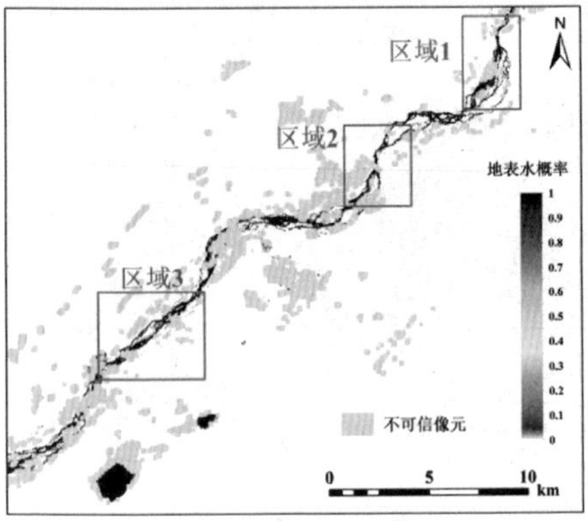

(a) 黑河正义峡河段后验概率图像

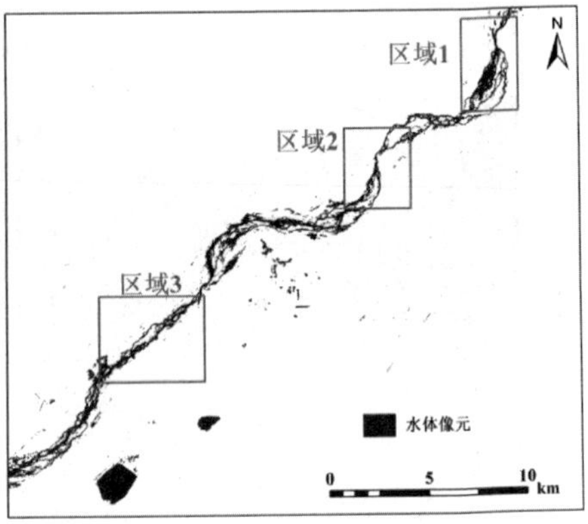

(b)通过目视解译Sentinel-2影像获得的参考图像

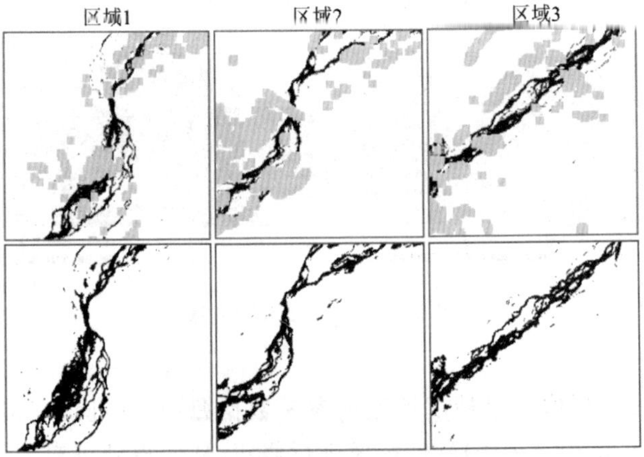

(c) 区域1～3的放大图像

图 5-4　黑河正义峡河段后验概率图像和参考图像

中,可以很明显地看出,后验概率值较高的像元主要集中在水体的中心区域,而后验概率值较低的像元则主要分布在地表水体的周围。综上所述,图 5-4(a)、(b)有着相对较高的一致性和相似度,即使是在一些地表水体较为分散的地方。不过,细微的差异依然存在,比如在区域 3 的一些地方,部分像元在参考图像中是陆地但在后验概率图像中却有着很高的概率值,这可能是由于使用了相对较低空间分辨率的 DEM 数据所导致的。

然后,基于图 5-4(a)和图 5-4(b),本章计算了后验概率图像以及参考图像的加权均方根误差,其值为 0.067,这表明正义峡河段的后验概率结果是较为合理的。

对于双塔堡河段,后验概率结果[见图 5-5(a)]以及参考图像[见图 5-5(b)]相较于正义峡河段表现出了更高的相似性,因为这里的地表水特征比正义峡河段更简单。但是,该研究区包含了蜿蜒的河道和湿地。从放大的地图中可以明显看

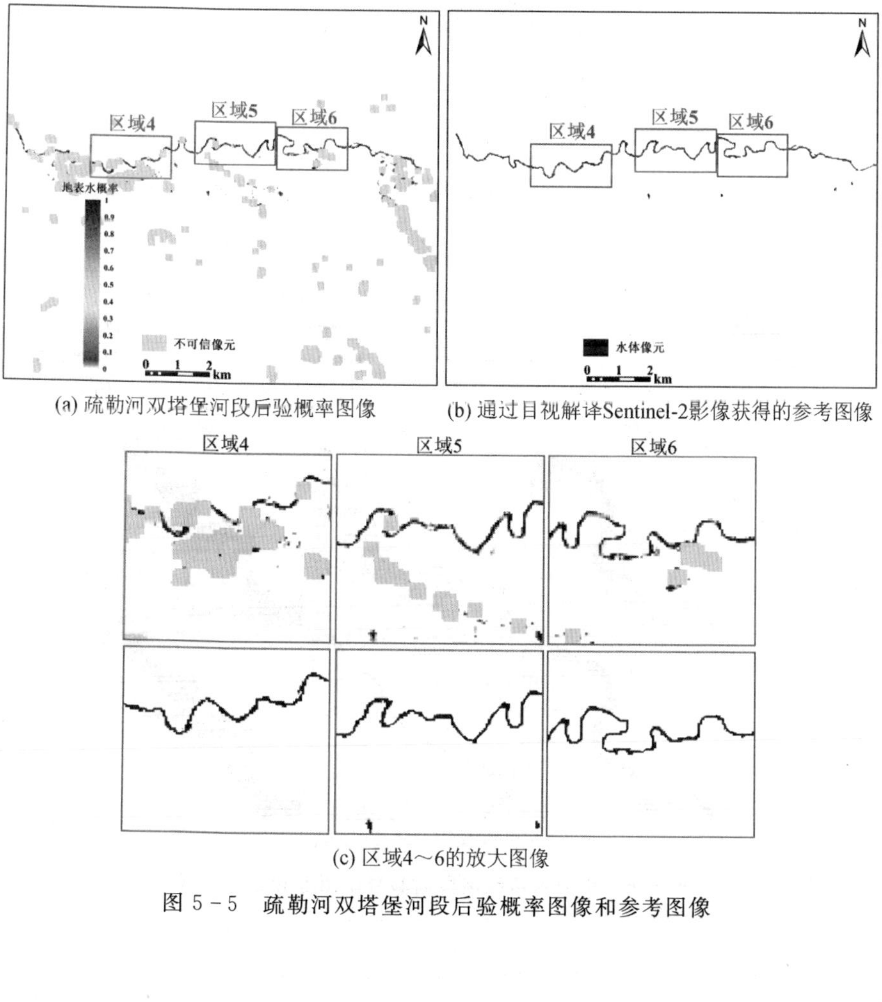

(a) 疏勒河双塔堡河段后验概率图像　(b) 通过目视解译Sentinel-2影像获得的参考图像

(c) 区域4～6的放大图像

图 5-5　疏勒河双塔堡河段后验概率图像和参考图像

出,具有高概率值的像素主要分布在这些地表水体的中心。但是在一些诸如河道转角的地方,水体像元的概率值可能会相对较低。总体而言,这一研究区的地表水后验概率图像与参考图像较为一致,E_{wrms} 的值为 0.057,与正义峡河段接近并且准确度更高。

图 5-6 展示了黑河莺落峡河段的地表水提取结果以及参考图像。除了水体像元的概率值较高这一特征之外,一些在参考图像上为陆地的像元概率值却大于 0,但一般都小于 0.5。通过对原始影像的分析,我们发现这些区域都存在着大量的山体阴影,山体阴影像元在 Landsat-8 影像上具有与水体像元相似的地表反射率,因此,其常常会对地表水的识别形成干扰。而本章提出的方法,通过引入 HAND 指数提高了这两类像元的区分度,即山体阴影像元的概率值(在 0.2 到 0.3 之间)明显低于地表水像元。E_{wrms} 的值为 0.031,表示概率提取结果在该研究区同样具有较高的准确度。

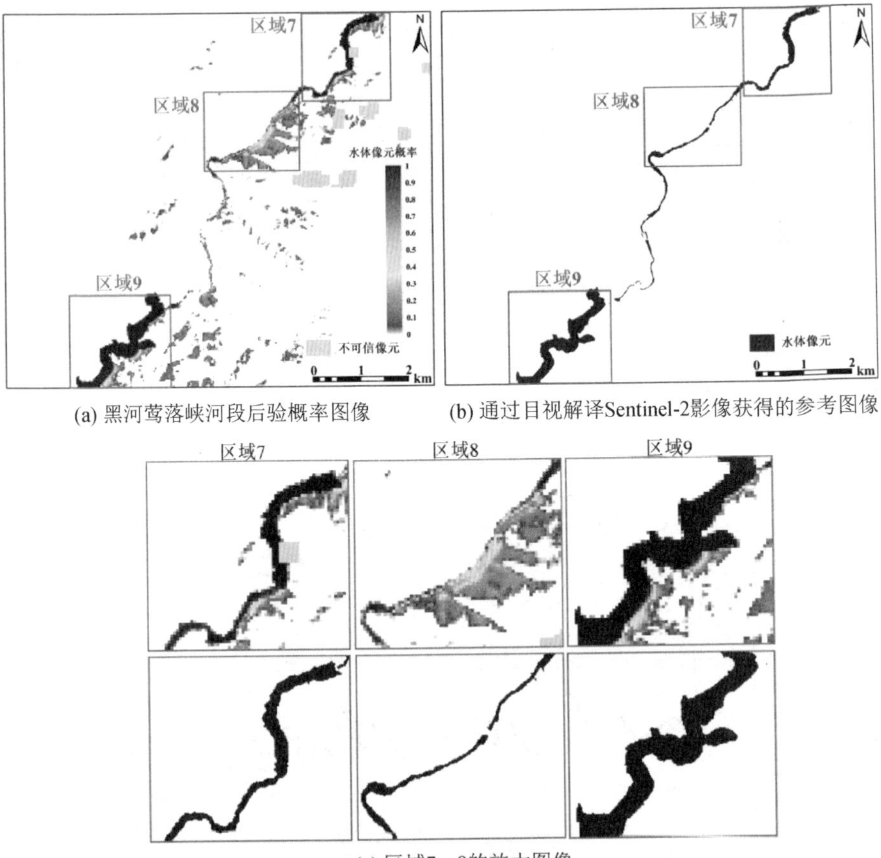

(a) 黑河莺落峡河段后验概率图像

(b) 通过目视解译Sentinel-2影像获得的参考图像

(c) 区域7～9的放大图像

图 5-6　黑河莺落峡河段后验概率图像和参考图像

图 5-7 为在三个研究区中参考图像水体像元后验概率值的分布情况。可以看出，三个研究区水体像元的中位数都比较接近于 1。对于参考图像水体像元来说，它们的概率值都以集中的方式分布，特别是对于正义峡河段，尽管在该河段存在着许多较低的异常值，但产生这些大量离群异常值是由于该研究区域的范围较大。另外，从图 5-7 中还可以看出，箱线图的上四分位数和最大值都几乎与中值指标重叠。这表明在所有研究区中，本章提出的方法将真实地表水体识别为水体像元的可能性很高，即超过一半的参考图像水体像元的后验概率值都大于 0.999、0.998 和 0.999。

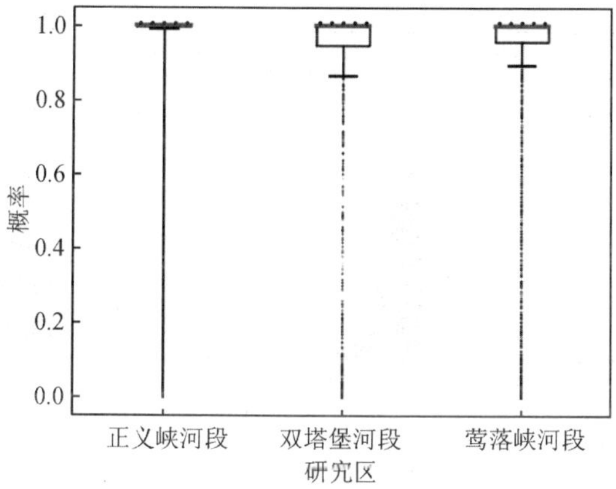

图 5-7　通过后验概率支持向量机模型获得的参考图像水体像元后验概率值分布情况

2. 基于直方图的阈值分割

需要强调的是，NDWI 和 mNDWI 是两种被广泛使用的地表水识别提取方法，它们的特点是简单有效。但是，由于在通过水体指数进行地表水提取的过程中，阈值会直接影响结果的准确性，因此存在一个问题，即必须仔细确定最佳阈值以将水体指数图像分割为二值水陆图像(Huang et al.，2018)。而在这项研究中，通过后验概率支持向量机模型生成的概率图也需要一个阈值才能被转换为二值水陆图像。本章将该过程与传统的水体指数方法在阈值的稳定性以及分割的准确性方面进行了比较。

图 5-8 展示了三个研究区的后验概率以及 mNDWI 和 NDWI 的直方图。可以看出，三种类型图像的值的分布情况完全不同。后验概率值的分布表现出明显的“双峰”形状，即在所有研究区中，大多数像元要么是低值(接近 0)，要么是高值(接近 1)。mNDWI 和 NDWI 直方图中的双峰形状则不是很明显。由于阈值通常是基于直方图确定的，又因为在后验概率图像中，水体、陆地两类像元之间的差异相对较大，因此可以得出结论，基于后验概率确定阈值要比其他两个更为容易。此

外,又由于后验概率图像中两个峰之间的距离相对较长,并且两峰之间的像元数量非常有限,即可以推断出,用一系列不同的阈值对后验概率图像进行分割并不会产生很多不确定性,这表明本章提出的地表水提取模型比传统的水体指数方法具有更高的稳定性。

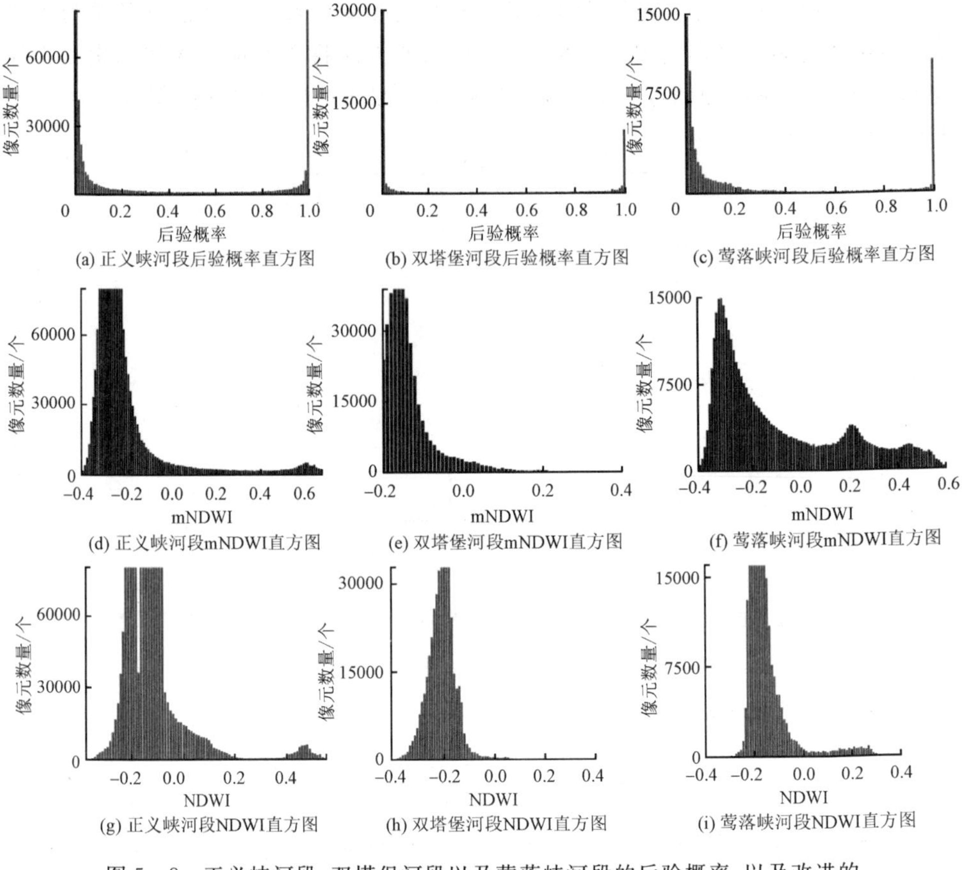

图 5-8 正义峡河段、双塔堡河段以及莺落峡河段的后验概率,以及改进的归一化水体指数(mNDWI)和归一化水体指数(NDWI)的直方图

本章通过一系列阈值进行试验,对三种不同类型的图像进行阈值分割,将其转换为二值水陆图像。Sentinel-2 影像也作为参考图像的数据源参与其中。同时,计算 Kappa 系数,作为阈值分割实验的精度指标。图 5-9 展示了在三个研究区中后验概率、mNDWI 和 NDWI 图像的 Kappa 系数随其各自阈值的变化而变化的趋势,可以很明显地看出,在后验概率图像中,当阈值在 0.30 至 0.98 之间变化时,三个研究区相应的二值水陆图像的 Kappa 系数基本都在 0.6 以上,并且随着阈值的增长,Kappa 系数的变化缓慢平稳。当阈值分别在正义峡河段达到 0.85,在双塔

堡河段达到 0.96，在莺落峡达到 0.56 时，Kappa 系数达到最大。对于 mNDWI 以及 NDWI 图像来说，随着阈值的变化，Kappa 系数均呈现出先增长后下降的趋势，即一开始，随着阈值的增加，Kappa 系数不断增长直到最优阈值时达到最大；接下来，随着阈值的继续增加，Kappa 系数又开始减小。在这两类图像中，Kappa 系数较为明显地受到了阈值变化的影响。这就意味着阈值必须慎重选择，否则会对结果图像的精度产生较大的影响。

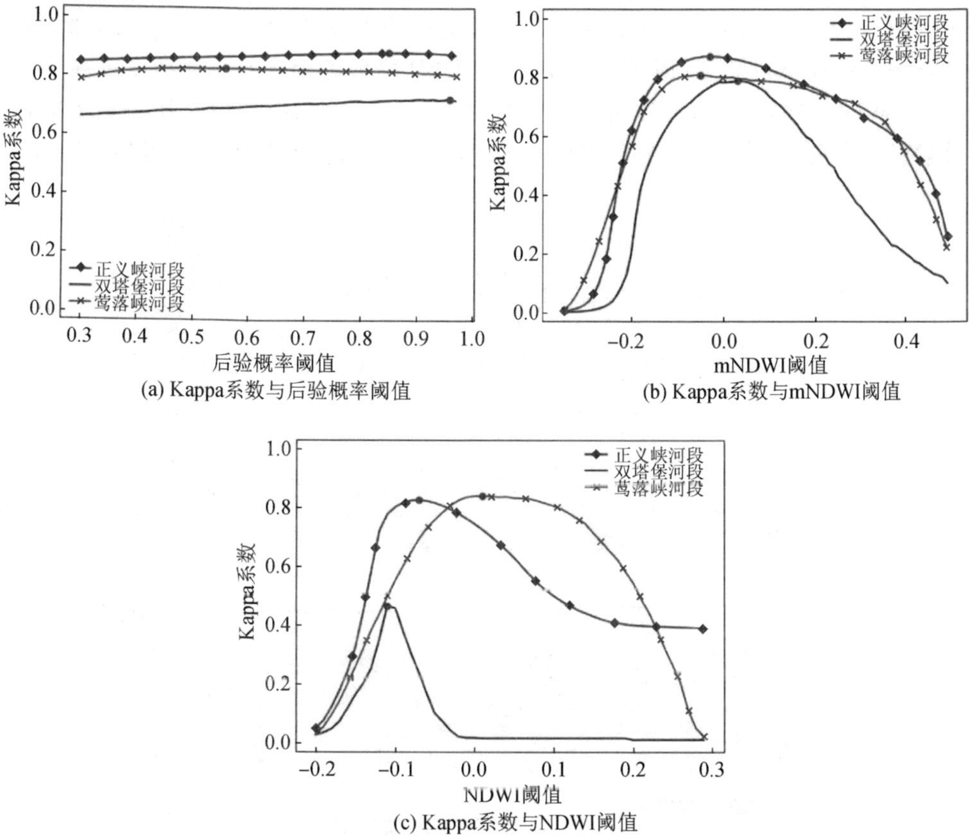

(a) Kappa系数与后验概率阈值
(b) Kappa系数与mNDWI阈值
(c) Kappa系数与NDWI阈值

图 5-9　使用不同阈值时 Kappa 系数的变化趋势

图 5-9 展示的阈值优化过程类似于 OTSU 算法（Otsu，1979），但在 OTSU 算法中，纵坐标为类间方差的波动而不是 Kappa 系数。由于地表真实图像（如由 Sentinel-2 影像获得的参考图像）并非总是可获得的，因此，在优化缺失参考图像的区域的阈值时，需要使用产生最小类间方差的阈值为最佳阈值。由于在本章中，我们拥有所有试验研究区的参考图像，所以阈值优化的过程可以更加科学准确。

3. 二值水陆图像结果

使用已经确定的优化阈值，分别对后验概率图像、mNDWI 图像、NDWI 图像进行阈值分割，得到正义峡河段的二值水陆图像（见图 5－10）。可以看出，后验概率与 mNDWI 的二值水陆图像在小区域内与参考图像更接近，NDWI 的二值水陆图像相较于参考图像似乎丢失了一些水体像元，尤其是在一些存在细小支流的地方。为了量化三类水陆图像的准确度，本章计算了一系列准确度指标，包括总体精度、错分误差、漏分误差、Kappa 系数以及临界成功指数（见表 5－3）。可见，通过后验概率支持向量机模型（PPSVM）以及 mNDWI 提取的地表水总体精度要高于通过 NDWI 提取的地表水总体精度。另外，本章提出的 PPSVM 算法所得结果的错分误差和漏分误差均要低于 mNDWI、NDWI 两种传统水体指数方法得到的结果。

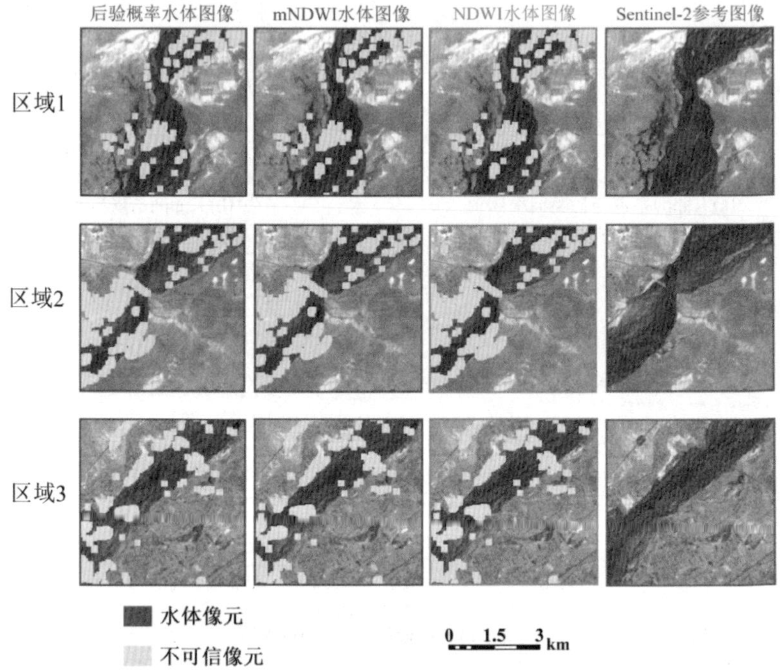

图 5－10　正义峡河段的三个小区域中通过后验概率、mNDWI 和 NDWI 获得的二值水陆图像结果以及基于 Sentinel－2 影像得到的参考图像

表 5－3　正义峡河段通过三种不同方法获得的二值水陆图像的精度评价指标

方法	总体精度	错分误差	漏分误差	Kappa 系数	临界成功指数
PPSVM	98.3%	0.9%	0.6%	0.877	0.795
mNDWI	98.2%	1.0%	0.7%	0.868	0.781
NDWI	97.7%	1.1%	1.2%	0.824	0.723

图 5－11 和表 5－4 分别是双塔堡河段三个小区域的结果图像以及精度评价指标。可见，使用 PPSVM 方法得到的结果与参考图像较为接近。从表 5－4 中也可以看出，使用 NDWI 得到的结果具有更多的错分误差和漏分误差；使用 mNDWI 得到的结果在这一研究区具有最高的总体精度、Kappa 系数以及临界成功指数，且使用 PPSVM 方法所得的结果也与其较为相近；NDWI 所得的结果在这一研究区中的精度是三种方法中最差的。

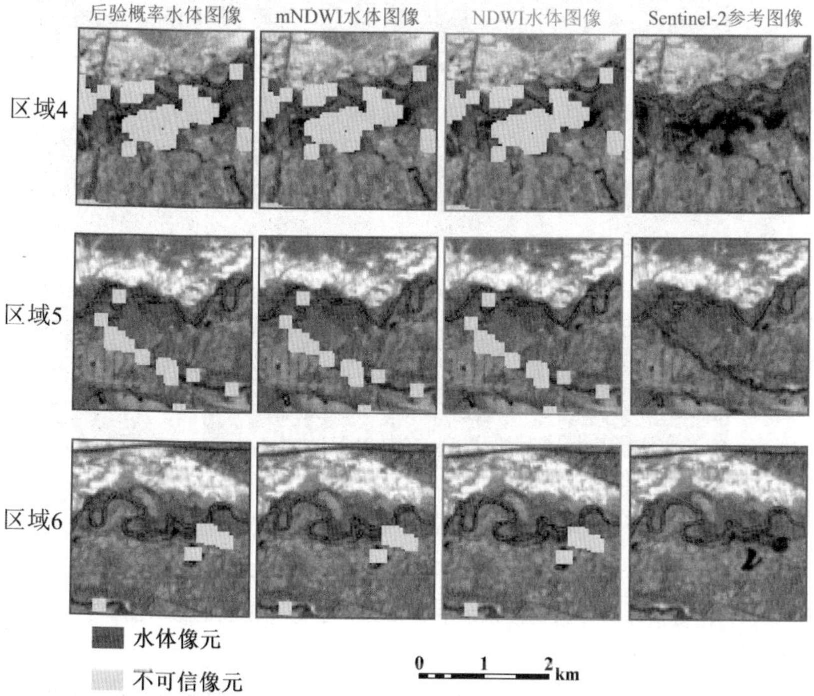

图 5－11　双塔堡河段的三个小区域中通过后验概率、mNDWI 和 NDWI 获得的二值水陆图像结果以及基于 Sentinel－2 影像得到的参考图像

表 5－4　双塔堡河段通过三种不同方法获得的二值水陆图像的精度评价指标

方法	总体精度	错分误差	漏分误差	Kappa 系数	临界成功指数
PPSVM	98.9%	0.6%	0.5%	0.719	0.574
mNDWI	99.1%	0.5%	0.3%	0.784	0.650
NDWI	97.6%	1.5%	0.9%	0.465	0.321

莺落峡河段的结果图像以及精度评价指标如图 5－12 以及表 5－5 所示。莺落峡河段属于黑河的中上游，位于山区。山体阴影在这一地区广泛存在并且干扰着地表水像元的识别与提取。由于本章使用参考图像对阈值进行了优化，因此山

图 5-12 可以看出,三种方法所得的结果都是合理的,几乎不受山体阴影的影响。同时,它们的总体精度、临界成功指数以及 Kappa 系数都较为相似,且总体精度均超过了 98%,临界成功指数均在 0.7 左右,Kappa 系数都大于 0.8。

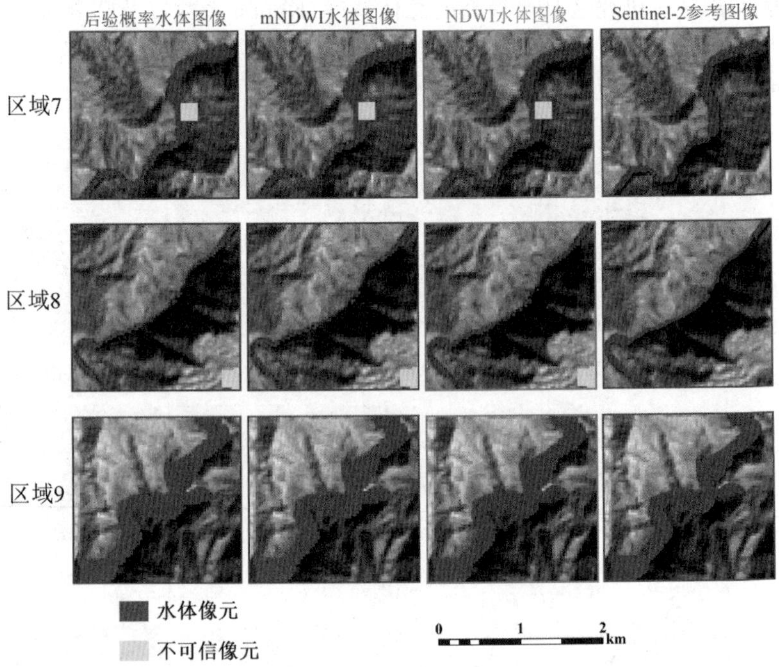

图 5-12　莺落峡河段的三个小区域中通过后验概率、mNDWI 和 NDWI 获得的二值水陆图像结果以及基于 Sentinel-2 影像得到的参考图像

表 5-5　莺落峡河段通过三种不同方法获得的二值水陆图像的精度评价指标

方法	总体精度	错分误差	漏分误差	Kappa 系数	临界成功指数
PPSVM	98.8%	0.6%	0.6%	0.822	0.707
mNDWI	98.6%	0.7%	0.7%	0.804	0.682
NDWI	98.9%	0.5%	0.6%	0.839	0.730

为了进一步展示这三种方法在区分水体像元和山体阴影像元方面的能力,我们从彩色合成图像中手动识别出山体阴影像元,然后通过箱线图来展示这些像元的后验概率、mNDWI 和 NDWI 值的分布特征(见图 5-13)。图 5-13 中的圆点代表图 5-9 中确定的最佳阈值。对于后验概率图像,山体阴影像元概率值的范围约为 0~0.38,而最佳阈值为 0.56,两者相距较远,这表明在基于 PPSVM 方法得到的结果中,山体阴影像元几乎不可能被识别为水体像元。然而,mNDWI 和 NDWI 图像的最佳阈值距离各自山体阴影像元值的范围并不远,这意味着如果阈值发生

变化，某些山体阴影像元可能会被错误地识别为水体像元。这证实了本章所提出的观点，即 PPSVM 方法对于山区地表水的识别提取具有更好的性能。

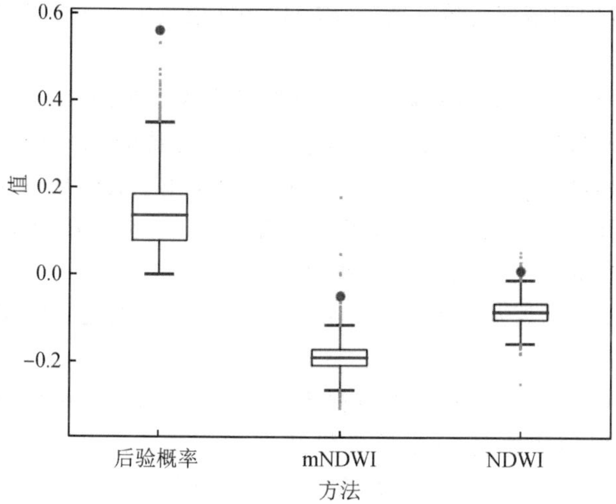

图 5-13　莺落峡河段山体阴影像元后验概率、mNDWI 以及 NDWI 值的分布情况（圆点代表最佳阈值）

5.4　小结

本章提出了一种后验概率支持向量机(PPSVM)方法，该方法使用了五个对水体像元较为敏感的 Landsat-8 波段和一个地形指数作为输入，来对地表水进行识别和提取，同时通过概率来表达不确定性。需要注意的是，尽管某些高分辨率图像(例如 GF-1/2、Worldview 等)通常没有本章使用的相应波段，但也可以应用类似的光谱分析方法来寻找合适的波段，或者只需要选择所有可用的波段作为输入，即可构建支持向量机分类器。只是在缺少 SWIR 波段时，分类的效果可能不会很好。

最初，本章将 Fmask 算法用于识别广泛存在于光学遥感影像上的云和云阴影像元，并将这些像元标记为不可信像元，未将其参与分类。尽管在本章研究中，并未讨论这些不可信像元，但它们可以在多源地表水提取的融合结果中被使用和分类，以得到更可信、更可靠的地表水图像。另外，使用 Fmask 算法还有一个好处就是可以得到不受干扰的纯水体和陆地像元，作为支持向量机模型的训练样本。

与传统的水体指数方法相比，本章所提出的 PPSVM 方法是根据几个经过慎重选择的特征向量在水体、陆地样本像元之间的不同来区分水体和陆地像元的。另外，通过在特征集中加入 HAND 地形指数，我们就能利用地形特征来规避在山区由于山体阴影像元造成的地表水识别错误。还应该注意的是,采用源自 SRTM 数据的 HAND 指数图像也会带来一些不确定性,这可能是由于 SRTM DEM 数据较低的空间分辨率和精度所致。此外,将 HAND 指数应用于非常平坦的区域也可能会产生问题。

使用经过严格目视解译的 Sentinel-2 影像作为参考图像,发现使用本章所提出的方法能够获得准确可靠的地表水图像,但是与传统的 mNDWI 和 NDWI 方法相比,该方法的精度却并没有显著的提高,这主要是由于我们使用参考图像对阈值进行了优化,从而使所有图像都具有了较高的精度。但在通常情况下,是没有可用的参考图像的,这时三种方法之间的精度差异就会被放大。本章提出的 PPSVM 方法主要在阈值稳定性方面展现了其优势。另外,该方法还能够量化地表水提取过程中的不确定性。

本章提出的 PPSVM 方法可以被视为一个框架,以遥感图像与地形指数图像为基本输入,提取地表水范围并且量化其不确定性。因此,虽然在本章中使用 Landsat-8 影像作为基本输入,但在实际应用中,同样也可以选择 Sentinel-2 影像,其方法和过程几乎没有变化。

参考文献

卢善龙,吴炳方,闫娜娜,等,2010. 河川径流遥感监测研究进展[J]. 地球科学进展,25(8):820-826.

BARMAN U, CHOUDHURY R D, 2020. Soil texture classification using multi class support vector machine[J]. Information Processing in Agriculture, 7(2):318-332.

CORTES C, VAPNIK V, 1995. Support-vector networks[J]. Machine Learning, 20(3):273-297.

FRAZIER P, PAGE K, 2000. Water body detection and delineation with landsat TM data[J]. Photogrammetric Engineering and Remote Sensing, 66:1461-1467.

GIUSTARINI L, HOSTACHE R, KAVETSKI D, et al, 2016. Probabilistic flood mapping using synthetic aperture radar data[J]. IEEE Transactions on Geoscience and Remote Sensing, 54(12):6958-6969.

GIUSTARINI L, VERNIEUWE H, VERWAEREN J, et al, 2015. Accounting for image uncertainty in SAR-based flood mapping[J]. International Journal of Applied Earth Observation and Geoinformation, 34:70-77.

HUANG C, CHEN Y, WU J, et al, 2015. An evaluation of Suomi NPP-VIIRS data for surface water detection[J]. Remote Sensing Letters, 6(2):155-164.

HUANG C, CHEN Y, WU J, 2014. DEM-based modification of pixel-swapping algorithm for enhancing floodplain inundation mapping[J]. International Journal of Remote Sensing, 35(1): 365 - 381.

HUANG C, CHEN Y, ZHANG S, et al, 2018. Detecting, extracting, and monitoring surface water from space using optical sensors: A review[J]. Reviews of Geophysics, 56(2): 333 - 360.

HUANG C, NGUYEN B D, ZHANG S, et al, 2017. A comparison of terrain indices toward their ability in assisting surface water mapping from sentinel - 1 data[J]. ISPRS International Journal of Geo-Information, 6(5): 140.

JIA K, JIANG W, LI J, et al, 2018. Spectral matching based on discrete particle swarm optimization: A new method for terrestrial water body extraction using multi-temporal landsat 8 images[J]. Remote Sensing of Environment, 209: 1 - 18.

JIAO Y Y, WU X P, 2011. Posterior probability support vector machine applied in motor imagery classification[C]. 2011 5th International Conference on Bioinformatics and Biomedical Engineering.

LONG S, FATOYINBO T E, POLICELLI F, 2014. Flood extent mapping for Namibia using change detection and thresholding with SAR[J]. Environmental Research Letters, 9(3): 35002.

MCFEETERS S K, 1996. The use of the normalized difference water index (NDWI) in the delineation of open water features[J]. International Journal of Remote Sensing, 17(7): 1425 - 1432.

NOBRE A D, CUARTAS L A, HODNETT M, et al, 2011. Height above the nearest drainage-A hydrologically relevant new terrain model[J]. Journal of Hydrology, 404(1): 13 - 29.

OTSU N, 1979. A Threshold selection method from gray-level histograms[J]. IEEE Transactions on Systems, Man, and Cybernetics, 9(1): 62 - 66.

REFICE A, CAPOLONGO D, LEPERA A, et al, 2013. SAR and InSAR for flood monitoring: Examples with COSMO/SkyMed data[C]. 2013 IEEE International Geoscience and Remote Sensing Symposium-IGARSS.

RENNÓ C D, NOBRE A D, CUARTAS L A, et al, 2008. HAND, a new terrain descriptor using SRTM - DEM: Mapping terra-firme rainforest environments in Amazonia[J]. Remote Sensing of Environment, 112(9): 3469 - 3481.

WESTERHOFF R S, KLEUSKENS M P H, WINSEMIUS H C, et al, 2013

Automated global water mapping based on wide-swath orbital synthetic-aperture radar[J]. Hydrology and Earth System Sciences, 17(2): 651 - 663.

XU H, 2006. Modification of normalised difference water index (NDWI) to enhance open water features in remotely sensed imagery[J]. International Journal of Remote Sensing, 27(14): 3025 - 3033.

YAMAZAKI D, O'LOUGHLIN F, TRIGG M A, et al, 2014. Development of the global width database for large rivers[J]. Water Resources Research, 50(4): 3467 - 3480.

YAMAZAKI D, TRIGG M A, IKESHIMA D, 2015. Development of a global-90 m water body map using multi-temporal landsat images[J]. Remote Sensing of Environment, 171: 337 - 351.

ZHU Z, WANG S, WOODCOCK C E, 2015. Improvement and expansion of the Fmask algorithm: Cloud, cloud shadow, and snow detection for landsats 4 - 7, 8, and sentinel 2 images[J]. Remote Sensing of Environment, 159: 269 - 277.

ZHU Z, WOODCOCK C E, 2012. Object-based cloud and cloud shadow detection in landsat imagery[J]. Remote Sensing of Environment, 118: 83 - 94.

ZHU Z, WULDER M A, ROY D P, et al, 2019. Benefits of the free and open landsat data policy[J]. Remote Sensing of Environment, 224: 382 - 385.

第6章　基于合成孔径雷达的地表水提取研究

6.1　研究背景

雷达发展初期，出现的是真实孔径雷达(real aperture radar, RAR)，由于成像分辨率与雷达天线的长度成正比，与波长和观测距离成反比，故要想得到较高分辨率的图像，需要增加天线的物理尺寸，这限制了其发展和应用。后来，真实孔径雷达(RAR)逐渐被合成孔径雷达(synthetic aperture radar, SAR)取代。SAR 用一个小天线作为单个辐射单元，将此单元沿直线不断移动，在不同位置上接收同一地物的回波信号并进行相关解调压缩处理。一个小天线通过"运动"方式就合成一个等效"大天线"，得到了较高的方位向分辨率，同时方位向分辨率与距离无关，这样 SAR 就可以获取较高分辨率的 SAR 图像。

作为一种主动式微波传感器，SAR 具有不受光照和气候条件(云层覆盖)等限制，实现全天时、全天候对地观测的特点，甚至可以透过地表或植被获取其掩盖的信息。这些特点使其在农、林、水或地质、自然灾害等民用领域具有广泛的应用前景，在军事领域更具有独特的优势。

6.2　地形要素的影响

尽管 SAR 应用于地表水提取时有各种优势，但同时也存在一系列问题，其中最主要且难以避免的一个问题就是地形的影响。SAR 传感器通过侧视的方式获取数据和成像，山地、丘陵等会对微波脉冲的发射和接收造成阻隔，导致在 SAR 影像上出现阴影和盲区。这常常会对地表水提取的方法产生影响，尤其是当使用阈值分割方法的时候，这些阴影和盲区的后向散射也很低，与水体表面接近。

由于水体具有流体性质，具有从高往低流的特点，因此地形信息对于地表水的提取常常具有很好的辅助效果。很多研究，比如 Wang 等(2002)尝试使用表征地表高程和起伏的数字高程模型(digital elevation model, DEM)数据，以辅助基于遥感影像的地表水提取。随着遥感技术的发展，可用的 DEM 数据越来越多，具有代表性的包括最高分辨率为1弧秒(约30 m)的SRTM和ASTER GDEM,以及分辨率高达12 m的TanDEM-X等。这些DEM数据大多都能够覆盖全球大部分区域甚至整个区域,使得它们在全球尺度的地表水遥感提取研究中也能够发挥较大的作用。同时,需要注意的是,若要将这些DEM数据用于地表水提取等相关水文研究,通常需要先对其进行水文校正,这样才能取得更理想的效果。不过,在大部分研究中,DEM数据一般用于确定水体易于驻留的低洼区域,或者用于基于水体边界估算水深。但是,高程本身对于区分地形阴影和水体有时可能失效,因为水体有可能也会存在于海拔高的区域,阴影也有可能存在于低海拔区域。

因此,有很多研究尝试开发各自的地形指数以建立地表水与地形之间更加直接紧密的联系,这些指数大体可以分为两类:基于谷地底部的指数和基于河道的指数。前者代表性的指数有由Gallant等(2003)提出的多分辨率谷地底部平坦指数(multi-resolution valley bottom flatness, MrVBF)。该指数基于限定汇流区域的坡向分类以识别谷地底部,相比一般的低海拔地区,这类谷地底部地区更能代表那些容易被地表水淹没的区域,因此,该指数已被作为地表水制图的重要输入数据应用于多项研究中(Chen et al., 2013; Huang et al., 2014b; Mueller et al., 2016)。基于河道的地形指数中,由Rennó等(2008)提出并由Nobre等(2011)最终实现的高出最邻近河道高程(height above nearest drainage, HAND)指数使用最为广泛,已被应用于多项地表水遥感提取研究中(Westerhoff et al., 2013; Twele et al., 2016)。

6.3 植被下水体提取

在洪泛区和湿地区域,植被冠层下常常有水体存在,即处于淹水状态。这些植被冠层下的水体在光学影像中常常难以被识别,因为这类影像上只能够反映植被冠层的光谱信息。与光学传感器相比,SAR系统使用更长的电磁波谱波长,从而可以穿透云层,获得不受天气影响的图像。此外,SAR系统是有源传感器,可以发送和接收自己的电磁脉冲,这使其可以不受天气条件限制。更重要的是,SAR的波长使其对植被冠层也具有一定的穿透性,因而可以获得冠层下是否存在水体的信息。因此,SAR系统的另一个重要优点是其能够检测湿地植被的淹水情况,其检测能力具体取决于波长及其对植被下水分的敏感性。由于镜面反射的水面与植被的垂直结构(例如树干和茎干)之间的二次或多次反射相互作用,故SAR的后向散射强度值在植被区域下存在水时会显著增加。

实证研究发现,雷达后向散射从无水状态到淹水状态的强度值变化高达一个数量级(Grimaldi et al., 2020)。由于后向散射值的这种巨大的变化,故识别干燥条件下植被冠层的漫反射所产生的后向散射与洪水条件下的二次反射现象之间的区别是需要解决的首要难题。部分研究提出使用特定场景的阈值(Plank et al., 2017),另有部分研究提出了一系列监督和非监督的方法以从 SAR 图像中识别淹没的植被,这些方法需要大量的训练样本或大量的辅助信息才能获得可靠的绘图结果。关于这些方法详细的归纳和综述,读者可以参阅 Tsyganskaya 等 (2018b)的综述。

L 波段的 SAR 是用于检测植被下淹水状态最常用的数据,因为其波长较长,能够穿透绝大部分植被冠层。已有一系列研究先后使用 JERS－1 和 ALOS 等 L 波段 SAR 影像来监测湿地的淹没状态(Whitcomb et al., 2009; Clewley et al., 2015; Bourgeau-Chavez et al., 2016)。不过,对于稀疏的森林或植被覆盖较低的区域,一些波长相对较短的 SAR 传感器,如 C 波段甚至 X 波段等,亦可用于探测植被下的水体信息(Grandi et al., 1999; Lang et al., 2008; Voormansik et al., 2014; Cohen et al., 2016; Manavalan, 2018)。例如,Horritt 等(2003)发现,在沼泽地环境下仅在 C 波段数据里观测到了增强的后向散射而在 L 波段却没有,这是由于 C 波段可以穿透稀疏的冠层覆盖,与水面和淹水植被的下部实现二次反射,但是更长波长的 L 波段则由于植被挺水部分不够多而未有明显的二次反射。Pope 等(1997)认为植被密集且茎粗的湿地在被洪水淹没时后向散射增加,而植被稀疏且茎细小的湿地在被洪水淹没时后向散射一般呈减少的状态。Alsdorf 等(2000)发现在湖泊环境里,由于漂浮水生植物以及萌芽灌木的存在,C 波段后向散射值常常会增加。搭载了 C 波段 SAR 传感器的卫星计划,如 ERS－1 和 RADARSAT 等,均已被广泛应用于湿地植被淹水的监测研究中(Delmeire, 1997; Kasischke et al., 1997; Toyra et al., 2001; Parmuchi et al., 2002; Brisco et al., 2013, 2019; Montgomery et al., 2018)。

在欧空局(European Space Agency,ESA)制定的欧盟哥白尼计划(European Union's Copernicus Programme)下实施的哨兵 1 号(Sentinel－1)卫星计划,由 Sentinel－1A 和 Sentinel－1B 两颗卫星组成卫星星座,能够实现 6 天的重访周期,从而获得较高时间分辨率及较高空间分辨率(高达 10 m)的 C 波段 SAR 数据,这些数据可确保长期一致的数据覆盖范围和数据存档,以进行系统的洪水淹没制图和动态监测(Martinis et al., 2018)。它在探测地表水和监测湿地水文周期方面的潜力已得到充分证明(DeLancey et al., 2018; Liang et al., 2020)。除此之外,多个研究(Plank et al., 2017; Tsyganskaya et al., 2018a, 2019)均已证明哨兵 1 号的数据可应用于提取不同地区湿地的被淹植被范围。

哨兵 1 号的 C 波段 SAR 传感器支持单极化(HH 或 VV)和双极化(HH＋HV 或 VV＋VH)的工作方式。在陆地观测中,其主要的工作模式是干涉宽幅模式(interferometric wide swath,IW),拥有 VV＋VH 双极化波段。同极化后向散射(VV)对于二次反射更加敏感,而交叉极化(VH)由于其去极化的特征,对于体散射更加敏感(Marti-Cardona et al., 2013)。因此,植被淹水之后导致的后向散射增加一般在同极化波段比在交叉极化波段更加明显(Hess et al., 1990)。同时,结合使用两种数据往往能够提高对各自不同植被类型淹水与否的识别能力(Zhao et al., 2014)。因此,双极化 SAR 数据常常被用于计算两种极化方式的比值,以突出其识别不同类型植被淹水状态的差异。Brisco 等(2011) 认为,基于水平极化的波段比值更适合于提取淹水植被的范围,而且他们的研究和 Mougin 等(1999)的研究一样,均认为 HH/HV 的值对于区分植被是否淹水非常有效。考虑到各个植被类型的季节或年度波动,时间序列方法也可能是一种合适的用于植被淹水范围提取的解决方案,因为它允许按时间顺序提取变化以进行淹水植被的调查(Tsyganskaya et al., 2018b)。

6.4 应用案例一:地形指数辅助哨兵1号C波段SAR的地表水提取

6.4.1 实验区及数据

1. 实验区

为了充分说明实验的典型性和普适性,本节分别选取了河流和湖泊两种代表性的地表水体。使用 SAR 影像提取水域变动剧烈的河流以及山区的湖泊时尤为困难,因此,本实验选择了位于欧洲的四个实验区作为实验对象,实验区 1、2、3 均位于英国的威尔士地区。其中,实验区 1 包含了 Dee 河处于 Chester 上游的一个河段及其洪泛区,实验区 2 包含了 Severn 河处于 Shrewsbury 附近的河段及其洪泛区,两个实验区的河段在 2015 年 12 月均经历了明显的流量波动。实验区 3 位于威尔士西北区域,包含 Snowdonia 国家公园和 Coed Y Brenin 森林公园的一部分,平均海拔超过 350 m。该实验区包含多个主要水体,如 Vyrnwy 湖、Tegid 湖、Trawsfynydd 湖、Brenig 湖和 Alwen 水库等。实验区 4 位于意大利米兰北部,包含了瑞士和意大利的国界。该实验区也是一处山地区域,平均海拔超过 1600 m,其中的主要水体包括 Maggiore 湖、di Lugano 湖、di Como 湖及 Brienzersee 湖等。

2. SAR 数据

对于实验区 3 和实验区 4,由于主要是湖泊和水库等水体,短期内水体变化相对较小,因此每个实验区仅选取了一幅影像。对于以河段及洪泛区为主的实验区 1 和实验区 2,我们各选取了一个洪水事件前后的影像。因此,本章共包含六个具体的实验案例,见表 6-1。实验区 1 中的 Dee 河在 2015 年 12 月底经历了一次洪水事件,因此,其洪泛区在 2015 年 12 月 3 日至 27 日之间有一次明显的水域扩张过程。实验区 2 中的 Severn 河则在 2015 年 12 月初遭遇了水位上升的事件,因此,其洪泛区在 2015 年 12 月 3 日至 27 日之间则有一次明显的退水过程。我们使用 A 和 B 分别代表这两个日期。针对这些实验案例,我们从欧空局的科学数据中心获取了相应的干涉宽幅模式(IW)的哨兵 1 号卫星数据,它们的幅宽范围(swath)如表 6-1 所示。这些数据均为 C 波段双极化(VV+VH)SAR 数据,是在欧空局的 ScanSAR 技术所获取的 Level-0 级别的原始数据的基础上生产的 Level-1 级地面范围高分辨率(ground-range detected high, GRDH)产品。

表 6-1　各实验区所使用的 SAR 影像数据

实验区	实验区编号	影像获取日期	传感器模式	轨道	入射角/(°)	分辨率
1	实验区 1(A) 实验区 1(B)	2015-12-03 2015-12-27	interferometric wide swath	descending	33.258～35.266	5×20 m
2	实验区 2(A) 实验区 2(B)	2015-12-03 2015-12-27	interferometric wide swath	descending	31.051～35.012	5×20 m
3	实验区 3	2015-12-27	interferometric wide swath	descending	34.928～38.910	5×20 m
4	实验区 4	2015-05-16	interferometric wide swath	ascending	32.067～43.855	5×20 m

3. DEM 数据

最常用的免费 DEM 数据是 SRTM DEM,该数据覆盖了地球表面 85%的区域。本章中,我们使用了 3 弧秒(3 s)和 1 弧秒(1 s)两种空间分辨率的 SRTM DEM 数据。对于地表水提取来说,DEM 数据有两个关键的属性,一是水平向的分辨率,二是垂直向的精度。SRTM DEM 的垂直向绝对误差和相对误差分别为 ±16 m 和±6 m。水平向的位置精度在 90%置信度上为±20 m(Rabus et al., 2003)。Strozzi 等(2003)将 1 s 的 SRTM DEM 与航空摄影得到的 DEM 在瑞士阿尔卑斯高海拔地区进行了比较,发现其平均高程差异为 7 m,高程的标准偏差为 36 m,最大误差可达 285 m。Kääb(2005)同样使用航空摄影测量获得的 DEM 数据作为参考,发现 SRTM DEM 数据的高程标准偏差为 20 m,最大垂直向偏差为 −193 m 和+143 m。其他在相对平坦地区的研究则发现 SRTM DEM 数据的均方根误差大约为 10 m(Sun et al., 2003)。本章所使用的 1 s 和 3 s SRTM DEM 数据均以整数数值型存在,这表示 DEM 数据中最小的高程差为 1 m。

6.4.2　研究方法

1. MrVBF 指数计算

MrVBF 指数可以识别不同大小和坡度的谷底地貌,它不必依赖于预先识别出来的河道,却能够刻画包括沼泽和湖泊湿地等非河道的谷地(Gallant et al.,2003)。该指数综合了谷底的平坦度和低海拔的特性。平坦度是通过地形坡度的倒数来衡量的,低海拔通过相对于一定半径内周围区域的高程等级来度量。为了识别谷底的不同尺度,可以通过一系列尺度进行平坦度和低海拔程度的计算,并将平坦度和低海拔程度的度量都归一化到 0 到 1 之间的范围,然后相乘,即得到 MrVBF 指数的值。MrVBF 指数的值最小为 0,指数值越大,代表坡度越小、谷底越平坦和开阔。

基于 DEM 数据计算 MrVBF 指数,共有 6 个关键参数:坡度初始阈值(T_s)、高程百分位的上限(T_{eU})和下限(T_{eL})、坡度百分位的形状参数(S_s)、高程百分位的形状参数(S_e),以及最大分辨率(R_m)。MrVBF 指数的计算可以在 SAGA - GIS 中实现,该软件提供了设置这些输入参数的交互式界面。

MrVBF 指数最初是基于 1 s 分辨率的 SRTM DEM 计算的,但经过一定的调整之后,它也可以用于不同分辨率的 DEM。它通过在每一步将坡度阈值减小 50%,将谷底大小与平坦度之间的联系纳入算法中,并且假定坡度阈值、分辨率和 MrVBF 值之间的关系在不同景观和不同分辨率的 DEM 上不会发生变化。如果所用 DEM 的分辨率与 1 s 相差较大,则必须调整初始斜率阈值(T_s),以保留斜率与分辨率之间的关系。本章中,将 1 s DEM 的 T_s 设置为 16%,而将 3 s DEM 的 T_s 设置为 8%。其他参数保持默认值。

2. HAND 指数计算

生成 HAND 指数图像主要包括两个部分的操作。第一步是调节输入的 DEM 数据,即填洼、确定水流路径、计算汇水区面积并基于汇水区面积确定河道网络。第二步是使用局部汇流方向和河道网络生成最近的汇水图。该地图上的每个像素在空间上都与汇入其中的所有 DEM 像素相关联。然后,将每个 DEM 像素与其关联的最近汇水像素的高程差指定为该 DEM 像素的 HAND 指数值,因此,HAND 值的单位为米。

生产 HAND 指数的模型程序包含一系列嵌入式的处理过程,如 DEM 数据处理、填洼、基于 D - 8 算法计算流向、确定水流路径、确定河道网络、计算高程差等。这个工作流已经在 ArcGIS 中被实现,作为地形分析工具箱中的工具之一可以被直接调用。我们使用这个工具,分别基于 1 s 和 3 s 分辨率的 SRTM DEM 数据生成了两个不同分辨率的 HAND 指数图像。

理论上,河道像元的 HAND 值为 0,其余像元的值则大于 0,值越大,表示这个像元被水淹没的可能性越小,而值越接近于 0,表明这个像元越容易被水淹没。与输入的 DEM 数据一样,HAND 图像上值的最小差异也为 1 m。

3. 地表水提取

本节使用维也纳技术大学开发的 SAR 地球物理反演工具箱(SGRT),对所选的 Level－1 级 Sentinel－1 GRDH 图像进行预处理，并将其重采样为 10 m 像素间距的格网后向散射图像。SGRT 用 Python 编程语言编写，包括一些外部软件模块，尤其是 ESA 的 Sentinel－1 工具箱(S1TBX)，可用于 SAR 数据地理编码、辐射校正和校准，同时使用 3 s SRTM 数据对 SAR 进行地形校正。

本节通过手动设置阈值的方法，基于 VV 和 VH 后向散射数据得到每个研究案例的参考地表水分布图，同时，参考高分辨率的 Google Earth 图像、Sentinel－2 和 Landsat 图像，对初步的地表水分布图进行了一些人为的校对和修正，最终结果被用作每个研究案例的“实际”地表水分布图。

6.4.3　研究结果

1. MrVBF 指数值与 HAND 指数值对比

所选四个实验区的 1 s 和 3 s SRTM DEM 数据均使用上述方法生成 MrVBF 和 HAND 图像(见图 6－1)，原始的 DEM 数据也显示在图中以作为参考。本节使用直方图均衡的方式拉伸所有图像，以获得更好的视觉效果。对于 DEM 图像，颜色越深表示高程越小。对于 MrVBF 图像，颜色越深表示 MrVBF 值越大。对于 HAND 图像，颜色越深表示 HAND 值越小。这些 MrVBF 图像中，值域从 0 到 7，最大值在不同的实验区略有不同。3 s 分辨率的 MrVBF 图像最大值相对于 1 s 分辨率的图像最大值普遍要更小。对于相对平坦的实验区，MrVBF 的最大值可能会比山区(例如实验区 3 和 4)的最大值更大。相较而言，HAND 图像保留了更多的原始高程信息。HAND 图像的值可以为 0 至数百米，这取决于实验区的原始高程。

通过图 6－1 可以看到，各个实验区的所有图像均展示了相似的特征。在 DEM 影像上表现为暗色调的相对低洼的地区一般有较高的 MrVBF 值和较低的 HAND 值。HAND 图像相比于 MrVBF 图像保留了更多的地形规律。MrVBF 图像在山区的实验区(实验区 3 和 4)相比于在平原地区的实验区有更高的对比度。对于两种指数来说，更高分辨率的图像均包含了更多的细节和更复杂的纹理。

为了更好地进行对比，将两种指数图像统一使用最大最小值标准化到[0,1]区间，其中 HAND 在标准化的时候是将其最大值标准化为 0，而最小值标准化为 1。如此一来，标准化之后的 MrVBF 和 HAND 将具有相似的含义，即值越大代表越可能被水淹没。图 6－2 显示的是标准化之后的指数图像。为了使显示效果更为直观，代表出现频率的 y 轴被统一设置为 25%。由图 6－2 可以看到，标准化后的 MrVBF 图像的直方图与 HAND 图像完全不同。HAND 图像的值的分布相对更加连续，大部分像元的值集中在 1 附近，而 MrVBF 图像的值则在整个值域范围内呈现多个峰值分布，每个峰值代表某一个尺度分辨率下的谷底像元。对于实验区

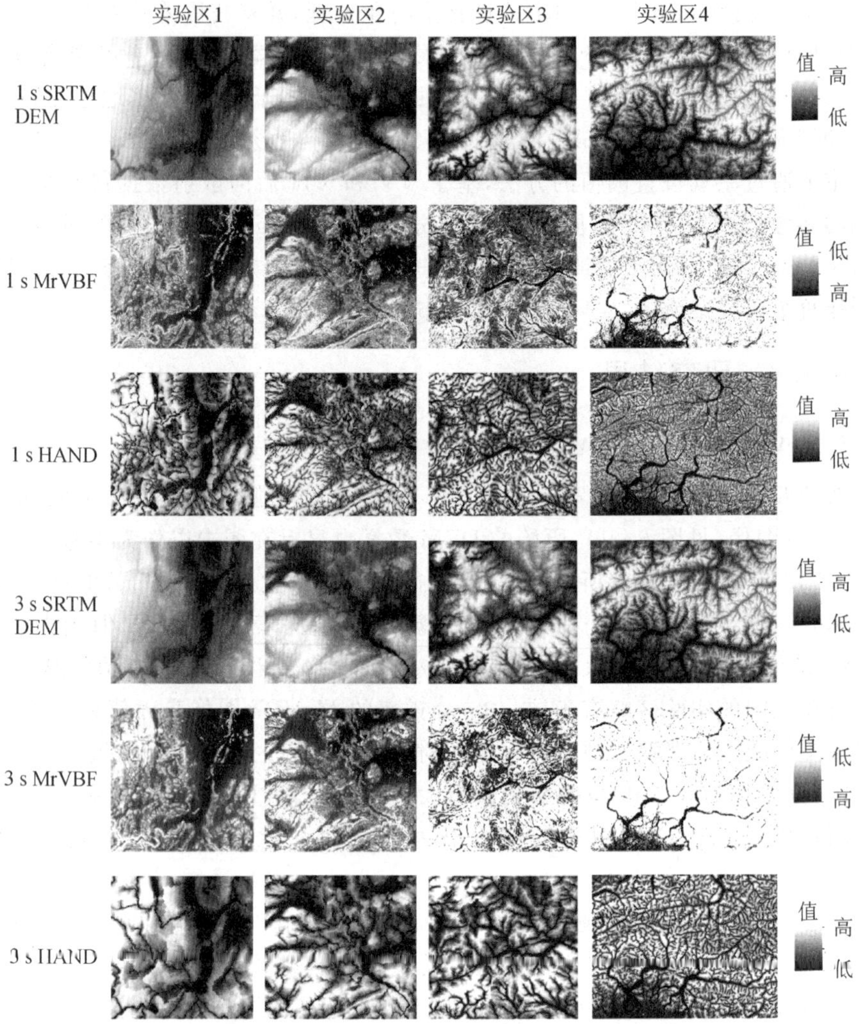

图 6-1　四个实验区的 1 s 和 3 s SRTM DEM 数据以及相应的 MrVBF 和 HAND 指数图像

3 和 4,大部分标准化的 MrVBF 值集中在 0 附近。

使用散点图对标准化的 MrVBF 和 HAND 图像做进一步的逐像元对比(见图 6-3),图中直线代表 1∶1 线。可以看到,标准化的 MrVBF 普遍比标准化的 HAND 值要小,因为大部分散点位于 1∶1 线下方。在每个散点图中代表地表水出现最高可能性的右上角区域,HAND 值更加集中于 1 附近,这意味着 HAND 图像上更多的像元可以获得最高的水体出现概率,而这些像元的 MrVBF 值则表现出了更大的不一致。

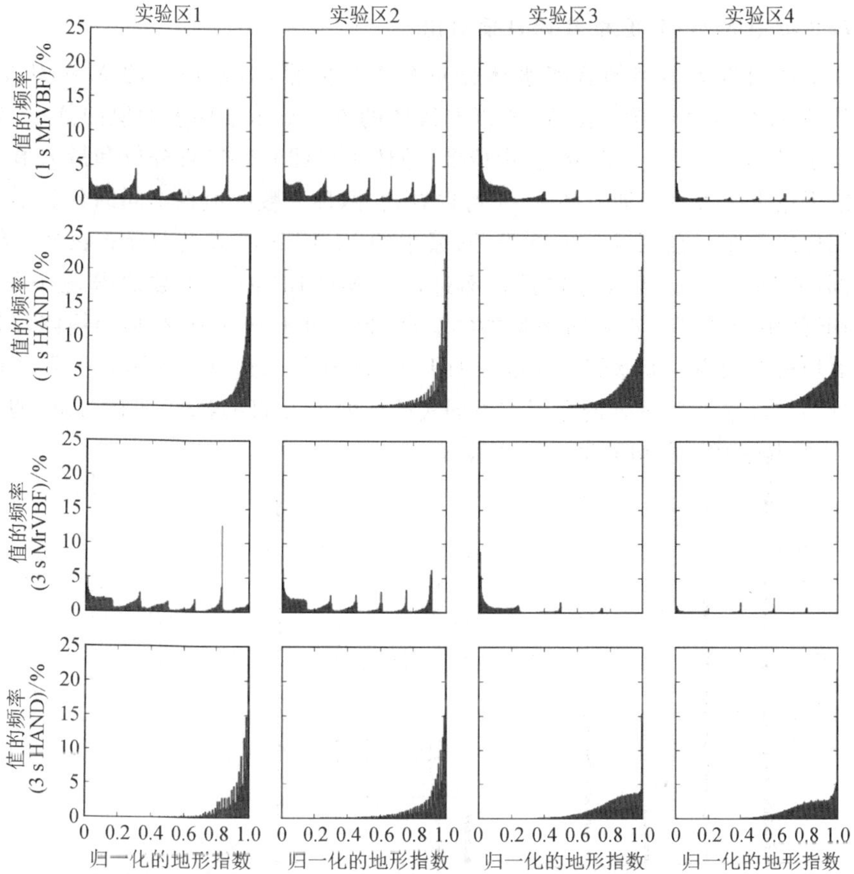

图 6-2 标准化的 MrVBF 和 HAND 图像的直方图

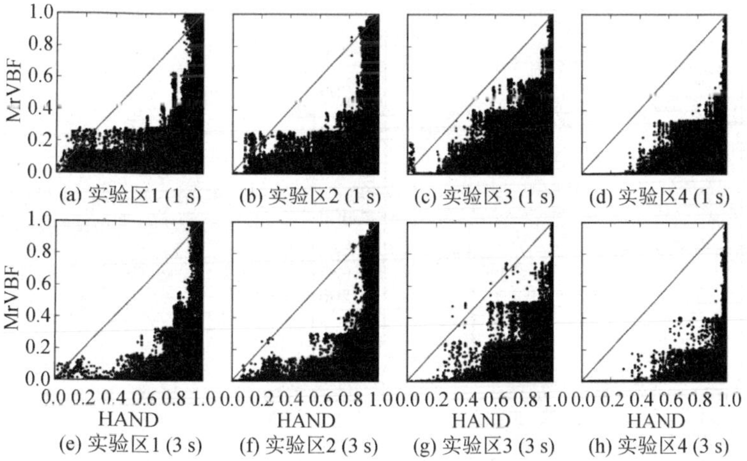

图 6-3 标准化的 MrVBF 和 HAND 像元散点图

2. 水域中 MrVBF 值和 HAND 值对比

本节使用前文得到的真实水体分布图作为掩膜,对水域中的 MrVBF 值和 HAND 值进行统计分析。图 6-4 以箱线图的方式显示了两者的值的分布,箱线图展示了最小值、前 25%百分位、中位数(箱体中的线)、75%百分位和最大值。异常值以黑色十字表示。通过图 6-4 可以看到,两种指数的值在不同的分辨率下呈现出相似的分布。在两种分辨率下,水域中的 MrVBF 的值大多分布在整个值域的中部,不同的实验区略有差异。不过,3 s MrVBF 的中位数值普遍小于 1 s MrVBF 的中位数值。在相对平坦的实验区,比如实验区 1 和 2,整个箱体及其中位数值均相对较高。而水域内大部分的 HAND 值为 0,这是导致箱体在 75%以下的部分均与水平 x 轴重合的原因。不同实验区的最大 HAND 值不同,山区的最大 HAND 值普遍高于平坦的洪泛区实验区。

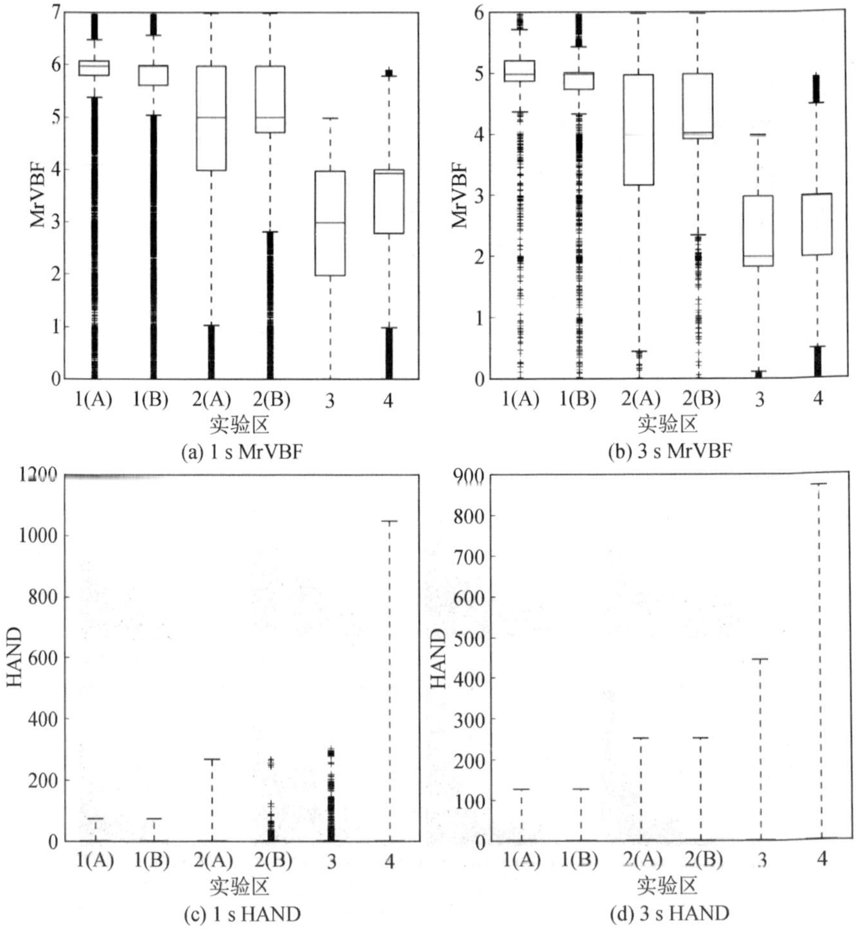

图 6-4 水域中 MrVBF 和 HAND 值的箱线图

为了进一步进行对比，我们计算了各个实验区中水域内 MrVBF 和 HAND 值的标准偏差(standard deviation，SD)，并列于表 6－2。标准偏差表示两种地形指数在水域内的值的差异性。需要注意的是，MrVBF 的标准偏差和 HAND 的标准偏差之间没有可比性，因为二者的单位不一样。从表 6－2 中可以看到，不同实验案例中，MrVBF 的标准偏差比较接近，高分辨率的结果中标准偏差相对更高一些。HAND 的标准偏差在不同的实验案例中则明显更高。实验区 3 和 4 的标准偏差相对于其他实验区更高，意味着水域内 HAND 指数的值在山区比在平原地区的波动更大。

表 6－2　水域内 MrVBF 和 HAND 值的标准偏差

实验区	实验区编号	1 s MrVBF 的标准偏差	1 s HAND 的标准偏差	3 s MrVBF 的标准偏差	3 s HAND 的标准偏差
1	实验区 1(A)	1.301	2.754	1.043	11.669
	实验区 1(B)	1.300	2.061	1.095	7.782
2	实验区 2(A)	1.340	5.748	1.178	4.911
	实验区 2(B)	1.245	6.347	0.992	6.015
3	实验区 3	1.288	21.521	1.021	19.792
4	实验区 4	1.333	15.215	0.993	14.543

3. MrVBF 和 HAND 阈值的敏感性分析

通过与真实水体分布图的仔细对比，本节将基于哨兵 1 号数据的 VH 和 VV 波段提取水体的阈值分别确定为－21 dB 和－17 dB。这两个阈值可以确保所选实验区内的水体基本都被识别出来，但是，也存在很多被错分为水体的非水体区域。MrVBF 和 HAND 指数的作用正是为了尽可能地去除这些错分的区域。对于 MrVBF 图像，值越小的像元代表其被水淹没的可能性越小，因此对 MrVBF 使用一个下限阈值，以便去除错分像元；而对于 HAND 图像，值越大的像元代表其被水淹没的可能性越小，因此需要使用一个上限阈值来去除错分像元。假设对 MrVBF 和 HAND 图像使用的阈值分别为 λ 和 η，结合哨兵 1 号的 SAR 数据，地表水水体范围可以基于以下规则实现提取：

① (VH＜－21 dB 和 MrVBF＞λ) 或 (VV＜－17 dB 和 MrVBF＞λ)；

② (VH＜－21 dB 和 HAND＜η) 或 (VV＜－17 dB 和 HAND＜η)。

显而易见，不同的地形指数阈值将产生不同的水体分布图。因此，有必要试验一系列阈值以选取可以得到最佳水体分布图的最优阈值。最佳水体分布图将通过与真实水体分布图的对比精度进行确定，且有一系列指标值可以用来表达其精度。Pontius Jr 等(2011)提出了一个简单但有效的用于精度评估的方式，它着眼于地图之间在类别的数量和空间分配上存在分歧的两个组成部分,即数量分歧(Q)和分配分歧(A)。数量分歧被定义为"由于类别比例不匹配而导致的参考图和比较图之间的差异量",分配分歧被定义为"在给定参考和比较地图中类别比例一定的条件下,由于类别的空间分配中的最佳匹配不足而导致的参考地图和比较地图之间的差异量"。一般认为,这种测量优于 Kappa 系数,因为这两种分歧的值比以随机性作为基线的 Kappa 值更有意义。因此,在本章中,采用这两个分歧及其总和,即总分歧(T_D)作为精度评价的指标,而不是数十年来被广泛使用的 Kappa 系数。

我们以 0.1 为步长,从 0 到 MrVBF 图像的最大值,测试一系列 λ 的取值。考虑到 HAND 值大于 100 代表非常高的区域,出现水的可能性非常小,为了减少不必要的计算,我们只在从 0 到 100 的区间内测试 η 的取值。我们发现,在所有这些实验区中,VV 和 VH 的表现比较接近。当不使用地形指数作为辅助掩膜的时候,使用两个波段得到的地表水分布图精度比较接近。最大的 T_D 发生于实验区 1(A),VH 为 3.4%,VV 为 2.5%,而对于其他实验案例,T_D 的差异在 VV 和 VH 的结果之间均小于 0.5%。

基本上所有的针对 MrVBF 或 HAND 的阈值选择均对哨兵 1 号数据的地表水提取有正面作用,因为它们对应的 T_D 值大多小于那些未使用地形指数的结果。不过,当应用于 MrVBF 的阈值过高时,T_D 值可能会比没有应用地形指数进行掩膜的结果还要更高,这是由于部分正确的水体提取结果也被剔除了。而当使用 HAND 指数时,随着阈值的提高,T_D 值逐渐向未使用地形指数掩膜的结果靠近,这说明地形指数辅助水体提取的作用正逐渐减弱。所有的研究案例均证明了使用地形指数,不论是 MrVBF 还是 HAND,均能够提高地表水提取的精度。同时,随着研究区和方法的不同,T_D 值的减少量可达 1.6%。

4. 最优阈值及其效果

基于上一部分的分析,本节选定了不同研究案例在不同分辨率和不同极化波段下的最优阈值(见表 6-3)。可以看到,在基于 3 s 分辨率的地形指数以辅助地表水的提取中,普遍得到了比基于 1 s 分辨率的地形指数相对更高的 T_D 值(更低的精度)。对于实验案例 1(A)、1(B)、2(A)、2(B)和 3,最高的地表水提取精度(对应于最小的 T_D)是对 1 s 分辨率的 HAND 指数分别使用阈值 2、3、3、3 和 8 辅助 VV 波段的水体提取,而对于实验案例 4,最优的结果是对 3 s 分辨率的 MrVBF 使用阈值 1.9 辅助 VH 波段的水体提取。

由表 6-3 可以看到,基于对 VV 或者 VH 极化波段的阈值分割,辅以 HAND 或 MrVBF 地形指数,可以得到 T_D 小于 3%的准确的地表水提取结果。HAND 指数的最优阈值一般为小于 4 m,而 MrVBF 的最优阈值则随不同的实验区有较为明显的差异。对于以洪泛区为主的实验区 1 和 2,最优阈值普遍比以山区为主的实验区 3 和 4 更高。

表 6 - 3　最优阈值和相应的总体分歧(T_D)

实验区	1 s MrVBF (T_D/%)	1 s HAND (T_D/%)	1 s MrVBF (T_D/%)	1 s HAND (T_D/%)	3 s MrVBF (T_D/%)	3 s HAND (T_D/%)	3 s MrVBF (T_D/%)	3 s HAND (T_D/%)
	VH 影像		VV 影像		VH 影像		VV 影像	
实验区 1(A)	5.0 (1.253)	1 (1.165)	2.8 (1.096)	2 (0.965)	4.0 (1.514)	1 (1.354)	2.9 (1.259)	1 (1.149)
实验区 1(B)	3.9 (2.147)	2 (1.917)	2.8 (1.824)	3 (1.642)	2.9 (2.714)	3 (2.401)	1.9 (2.240)	4 (2.064)
实验区 2(A)	2.8 (0.943)	2 (0.824)	2.7 (0.716)	3 (0.665)	1.9 (1.124)	2 (0.954)	1.8 (0.859)	2 (0.782)
实验区 2(B)	2.9 (0.847)	3 (0.801)	2.9 (0.683)	3 (0.675)	2.7 (0.918)	3 (0.847)	1.9 (0.736)	3 (0.710)
实验区 3	2.0 (0.662)	6 (0.578)	1.1 (0.640)	8 (0.548)	1.8 (0.611)	1 (0.580)	0.9 (0.591)	5 (0.561)
实验区 4	2.0 (0.627)	1 (0.820)	2.0 (0.678)	1 (0.869)	1.9 (0.480)	1 (0.586)	0.9 (0.541)	1 (0.623)

对于表 6 - 3 中所列的大部分研究案例来说，基于 VV 的水体提取结果普遍比基于 VH 的水体提取结果拥有更高的精度。有很多研究(Henry et al.，2006；Schumann et al.，2007)认为对于地表水体提取，VH 比 VV 更好，因为 VV 对于风影响下的粗糙水面更加敏感，从而导致其后向散射与陆地接近，增加了水体提取的难度。研究结果表明，VV 和 VH 的表现比预期的更为接近，可能的原因是选取的实验案例中水体可能没有受到明显的风的影响。

基于表 6 - 3 中选出的最优阈值，我们使用 VH 极化波段辅以 3 s 的地形指数得到了一系列水体分布图(见图 6 - 5)，图中还列出了真实的水体分布图和未使用地形掩膜的水体分布图作为参考。由图 6 - 5 可以看到，初始的 VH 阈值分割得到的水体分布图有较多的错分，这些错分大多来源于地形的影响，在山地区域更加明显。通过对 MrVBF 或者 HAND 指数应用合适的阈值进行掩膜处理，可以消除大部分这类错分，且利用 HAND 指数在大部分实验区(除实验区 4 外)都能得到比 MrVBF 更好的效果。

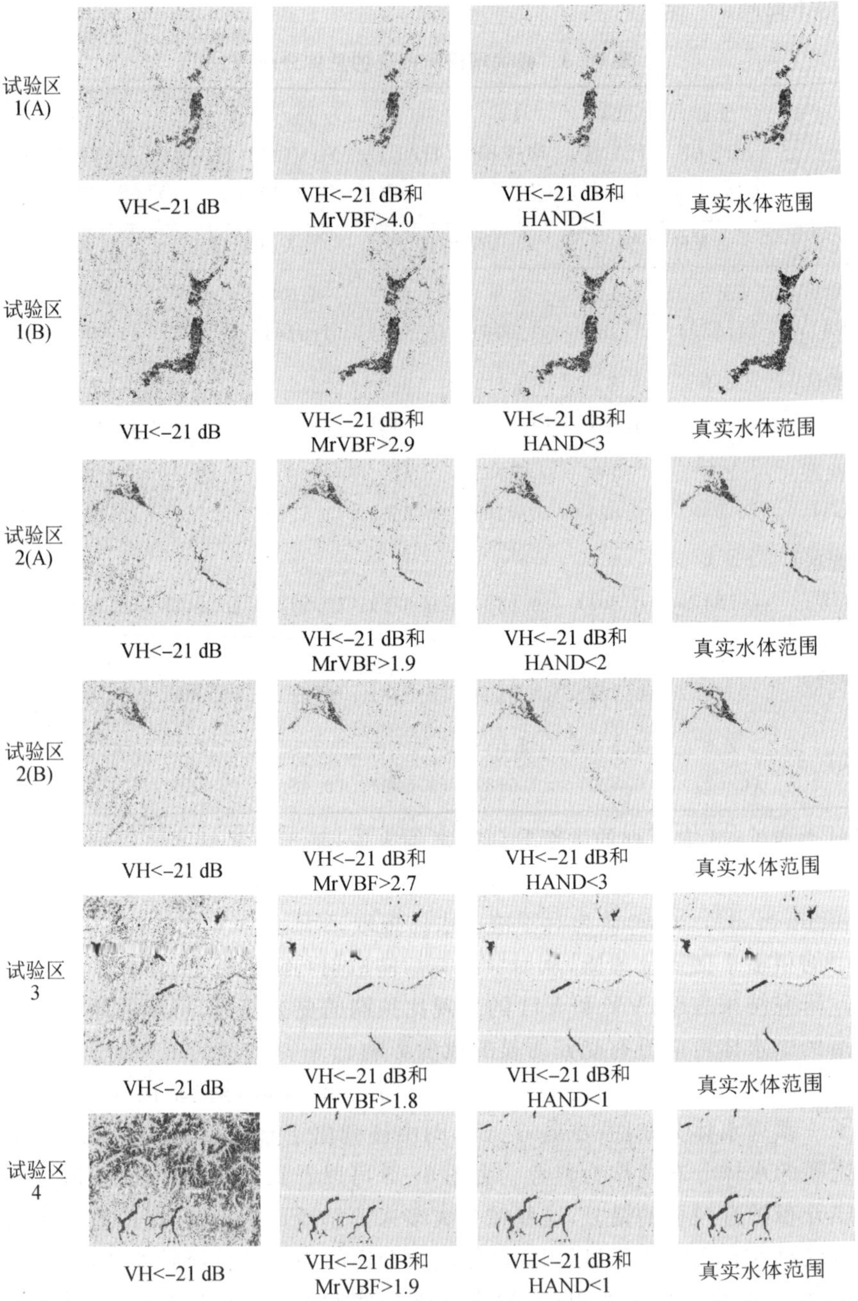

图 6-5　基于 VH 极化波段辅以 3 s 地形指数阈值的水体分布图,以及无地形辅助的水体分布图和真实水体分布图

6.4.4 小结

SAR 数据对于地表水提取具有不受天气条件限制等一系列优势，但同时也存在一些劣势。由于在 SAR 影像上地形阴影区域与水体具有相似的值，故地形效应常常成为影响水体提取的一个重要问题。从 DEM 直接获取的高程信息有时候并不适合辅助地表水体的提取，原因主要有两个：一是阴影有时也会在低洼地区存在而水体有可能会在高海拔地区存在，这就使得直接对高程进行阈值分割难以有效地区分阴影和水体，因此我们需要某种可以建立原始高程和水体可能性之间更强的联系的地形指数；二是所有的 DEM 数据均存在不同程度的误差，不过，当使用 MrVBF 或 HAND 等地形指数的时候，DEM 的绝对高程误差变得不那么重要，因为我们并不是直接对绝对高程进行阈值分割，而是关注谷底平坦性或者高程的相对变化以评估是否为水体的可能性。

本节对 MrVBF 和 HAND 指数在辅助哨兵 1 号 C 波段 SAR 数据进行地表水提取方面的能力进行了全方位的对比分析，通过一系列包含不同地理环境和淹没情景的实验案例，我们得到了以下结论：

(1)两个地形指数均能够提高基于哨兵 1 号数据提取地表水体的精度，其中 HAND 指数在大部分实验区中的表现优于 MrVBF。

(2)适合两个指数的最优阈值并不是固定不变的，为了实现最优的结果，需要进行适当的调整。HAND 指数对于不同阈值的提取结果相对更加稳定，这个性质有利于其应用于地形复杂的大区域。

(3)MrVBF 相对于 HAND 指数能够获得更多的低洼和平坦区域的细节，例如，那些 HAND 值为 0 的区域，可能会有一系列不同的 MrVBF 值，这取决于不同的谷底尺度。这个优点使得 MrVBF 有时候对于消除高山地区的水体错分更有优势。

以上结论可以为在使用 DEM 数据辅助 SAR 的地表水提取过程中的地形指数的选取和使用提供参考。对于大尺度或者全球尺度的地表水提取，HAND 指数可能是更好的选择；而对于复杂地形区域的地表水提取，MrVBF 指数或者其与 HAND 指数的联合使用可能能够达到更好的效果。不论使用哪一种指数，都应该仔细确定阈值以实现最优的效果。本节的结果可以为其他使用 SAR 数据进行区域或全球尺度地表水的提取研究提供有用的参考。

尽管已经证明了通过地形指数的辅助，基于哨兵 1 号的 VV 或者 VH 波段进行简单的阈值分割便能够得到较好的水体提取精度，但其中仍有一定的误差，提取结果仍可以通过运用一些更加高级的水体提取算法实现更为准确的提取结果。因此，我们下一步的工作将进一步研究更为“健壮”的水体提取算法，整合入射角、地形指数以及其他相关的信息，以提出更为准确和普适的地表水提取算法。

6.5 应用案例二:基于哨兵1号C波段SAR的湿地植被淹水监测

6.5.1 研究区与数据

1. 研究区

本章选取两个北方高纬度地区作为研究区,分别是加拿大阿尔伯塔省北部的皮斯-阿萨巴斯卡三角洲(Peace-Athabasca Delta, PAD)以及美国阿拉斯加中北部的育空平原(Yukon Flats, YF)。这两个研究区均发育有大量的湿地,是重要的生物栖息地。精确监测其湿地淹水条件变化,对甲烷排放、野生动物栖息地保护以及当地生态服务功能研究等具有重要意义。研究区内孕育有不同形式和功能的湿地,总体上可以分为五类:苔藓类泥炭沼泽(bog)、草本泥炭沼泽(fen)、木本沼泽(swamp)、草本沼泽(marsh)和开放浅水水体(open shallow water)。

PAD已被列入《国际重要湿地名录》,受阿萨巴斯卡河年内径流周期变化的影响,该地区大量湖泊和湿地均能获得季节性的水量补充,水文循环活跃(Pavelsky et al., 2008a)。与此同时,气候变化与河道整治导致该地区大量的湿地呈干涸趋势,对其动植物群落造成严重威胁。例如,自1972年以来,由于河道整治,皮斯河的日径流量中位数从3600 m^3/s减少至2350 m^3/s。PAD中常见的植物群落包括莎草、草甸、柳树灌丛和森林。除了三个较大的湖泊(克莱尔湖、马马维湖和理查森湖)之外,PAD由约31%的水生群落、约34%的沼泽、约23%的稀树草原和灌木丛以及约8%的森林组成(Timoney, 2008)。

YF研究区位于育空河分支的低洼平原,湖泊发育丰富,它包括已被确定为生态敏感区的育空平原国家野生动物保护区。由于气候变暖造成的永久冻土退化,该地区将面临重大水文变化(Pitcher et al., 2019)。育空河及其支流的年内流量峰值一般发生于夏季,洪峰可达约20000 m^3/s。湖泊和湿地在该地区广泛分布,并伴有大量的支流和分流河道(Brabets et al., 2000)。该地区的植被类型主要包括北极苔原、高山苔原、针叶林(亚北极森林)、北方森林和亚高山灌木林等,其中禾本科草本群落是最主要的植被类型。

2. 遥感数据

Sentinel-1(哨兵1号)拥有高达6天的重访周期以监测地表变化,它能够以相对稳定的入射角获得高空间分辨率的C波段SAR数据,便于对同一轨道的数据进行变化监测分析,因为它们具有相近的成像条件。本章使用哨兵1号的干涉带宽(interferometric wide swath, IW)模式下的地距测量高分辨率产品(ground range detected high-resolution, GRDH),以获得10 m分辨率的湿地植被淹水条件监测。

由于研究区冬季气温较低，水面易冻结，故本书仅关注非冻结期(5 月～10 月)的湿地淹水条件。为了保证影像入射角的一致性，本节仅采用同一重复轨道的哨兵 1 号 SAR 双极化(VV、VH)数据。最终，PAD 和 YF 研究区各选用了 41 景和 34 景影像。这些影像通过 GEE 平台访问，并在对比了不同的滤波方法和窗口大小之后，最终选定了 3×3 的 Sigma Lee 滤波进行平滑处理。

由于粗糙水体表面和浮水植被具有相似的后向散射特征，C 波段 SAR 影像上难以区分二者，故本节引入哨兵 2 号多光谱成像仪(multi-spectral imager, MSI)数据的近红外波段作为辅助数据。光学影像能够很容易地识别浮水植被以及其他植被，因为植被中的叶绿素在近红外波段反射率很高。本节基于每年 5 月～10 月的所有 Sentinel - 2 MSI 数据计算年度最大归一化植被指数(normalized difference vegetation index, NDVI)，并通过该 NDVI 值判定像元是否是植被。

3. 实地调查验证数据

Kyzivat 等(2022)基于实地野外调查、高分辨率影像解译等手段，生产了两个研究区高质量的湿地植被类型及其淹水状态数据集。数据集中包含的主要湿地植被类型有淹水森林(WF)、淹水灌木(WS)、淹水禾本植被(WG)和淹水草本植被(WH)。一般来说，WF、WS 和 WG 是淹水植被，而 WH 大部分对应于水生植被(AV)，包括浮水植被(如睡莲等)和挺水植被(如水池草等)。在此，本节随机选取了数据集中 20%的样本作为训练集以优化方法，剩余的则作为验证集验证湿地淹水制图结果的精度。

6.5.2　研究方法

1. 湿地淹水制图概念框架

本节中，我们仅关注有部分开放水体(OW)的湿地，因为大多数湿地植被都生长于开放水体周围，使得我们能够相对容易地根据与开放水体的空间邻近性进行淹水植被的识别。图 6 - 6(a)展示了上述空间邻近关系的示意图。湿地的淹水植被大致可以分为两大类，即常年淹水的水生植被和临时淹水植被。常年淹水的水生植被可以进一步分为三类，即挺水植被(emergent plant, EP)、浮水植被(floating plant, FP)和沉水植被(submerged plant, SP)。由于沉水植被生长于水面以下，它们无法被 SAR 探测到，因此本节忽略了该类别；浮水植被一般是一年生，因此它们的空间分布在一年之内基本是固定的，但每年可能有变化；挺水植被一般处于部分淹水状态，但极端干旱或洪水条件下也可能下部无水或完全被水淹没。除了这些常年淹水的水生植被之外，周边的岸生植被在洪水条件下也可能被水淹，称之为洪淹植被(flooded vegetation, FV)。水生植被与洪淹植被共同构成了湿地的淹水过渡带。

在此,我们提出一个两步法的湿地淹水制图方法,基于 Sentinel - 1 时间序列 SAR 影像和 Sentinel - 2 MSI 获得的 NDVI 影像识别开放水体(open water, OW)和湿地淹水组分(即 FP、EP 和 FV)。第一步的目的是估算某时期内(本章中指 2017 年—2019 年的 5 月至 10 月)的最大淹水范围,并以此为约束,辅助第二步的单日湿地淹水制图。图 6 - 6(b)展示了该两步法的概念框架。其核心假设是水深植被和临时淹水植被都在空间上邻近开放水体。由于开放水体相对容易探测,故本框架简化了对永久和临时性湿地淹水植被的遥感观测。

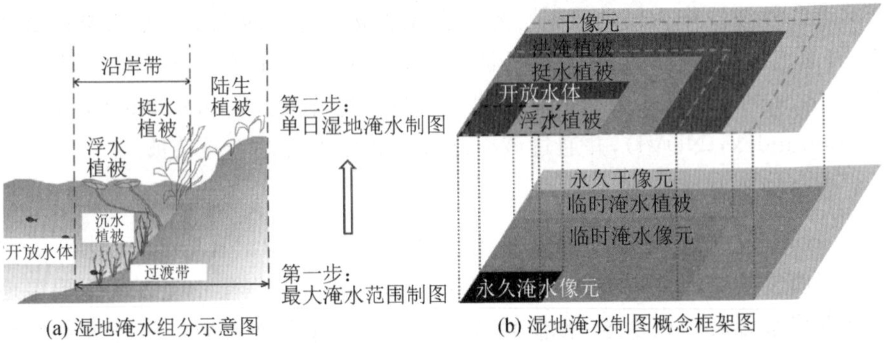

图 6 - 6 湿地淹水组分示意图和湿地淹水制图概念框架图

基于以上概念框架,我们开发了一个改进的决策树分类方法(见图 6 - 7),即基于 SAR 影像的后向散射特征,以区分不同类型的临时和永久湿地淹水组分。第一步,我们利用 GEE 平台上的最大/平均/最小值逐像元统计方法获得时间序列后向散射统计值,并基于此获得湿地的最大淹水范围。我们假定最大的 VH 值(maxVH)代表最干旱的观测情景,最小的 VH 值(minVH)代表最湿润的观测情景。此处我们使用 VH 而不是 VV,主要是考虑到 VH 对于水面粗糙度的敏感度更低(Henry et al., 2006),因此在获取开放水体时相对更加准确。永久淹水(permanent WET, PWET)和临时淹水(temporary WET, TWET)像元分别利用不同的阈值从 maxVH 和 minVH 中提取(见图 6 - 7)。TWET 类别包含间歇性开放水体及其周边的淹水水生植被。临时淹水植被(temporarily flooded vegetation, TFV)可以通过对(maxVV－meanVH)进行阈值分割得到,这是因为淹水植被经常导致二次反射而产生较高的 VV 后向散射(Tsyganskaya et al., 2018a),而 meanVH 能够代表不同植被类型的体散射基准。除上述三类(PWET、TWET 和 TFV)像元之外,第一步的最大淹水范围结果中的其他像元均分类为永久干像元(permanent DRY, PDRY)。在此,我们设置了一个滤波和一个距离阈值,以去除那些面积较小的斑块和孔洞,以及距开放水体一定距离之外的淹水像元。

第二步的湿地淹水制图则是基于单景 Sentinel-1 SAR 影像的 VV 和 VH 后向散射值进行分类，并以第一步得到的最大淹水范围作为约束，结合 NDVI 以区分植被和非植被。我们假定挺水植被(EP)应该是高度较低、分布稀疏的草本植被，它们的后向散射普遍偏低且被水淹时会进一步降低；洪淹植被(FV)应该是木本植被，淹水条件下，其后向散射会由于二次反射的原因而显著增加。该决策树方法需要使用7个阈值($T1$～$T7$，见图6-7)，以区分不同的湿地淹水组分，最终将获得包含5个类别的淹水图，5个类别分别是开放水体(OW)、浮水植被(FP)、挺水植被(EP)、洪淹植被(FV)和陆地(Dry)。该淹水图还可以通过类别合并进一步生成四类和三类的淹水图，以满足不同的应用需求。

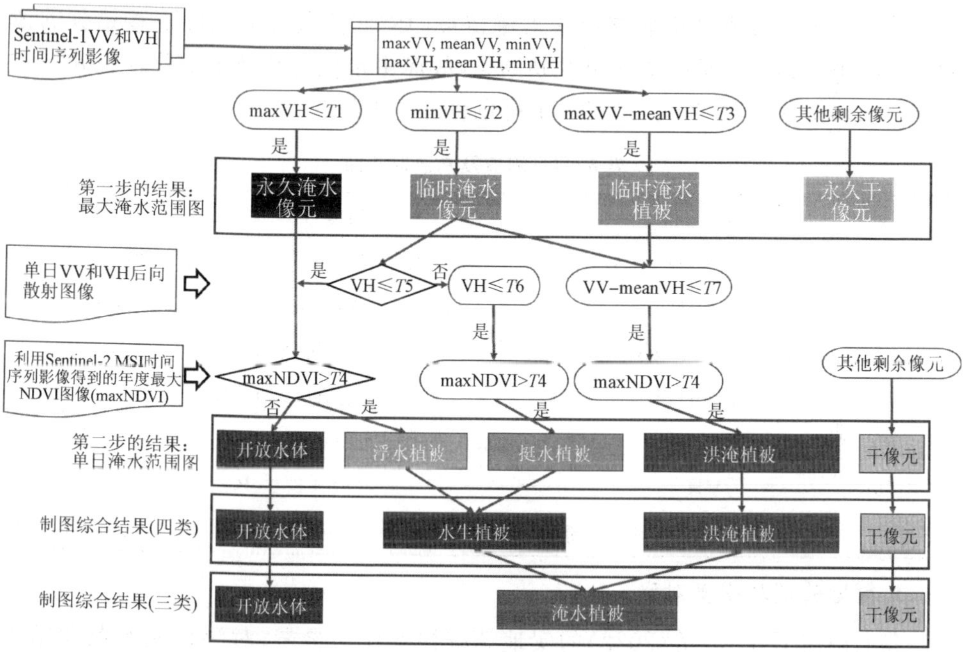

图6-7　湿地淹水制图的决策树方法

2. 阈值确定与优选策略

图6-7中所用7个阈值的确定方法见表6-4。我们首先使用大津阈值(OTSU)方法从 meanVH 中获得一般开放水体(generally open water, GOW)样本像元。GOW 像元代表这些像元在观测时期内大部分时间都是水体，可以认为是高可信度的开放水体样本(尽管极端干旱时期它们也可能并非水体)。对一般开放水体样本使用大津阈值方法确定 $T1$，以 maxVH≤$T1$ 为决策依据，确定 PWET 像元。基于一般开放水体样本的值统计分布，采用3个标准差方法确定 $T2$。经过试错法反复试验，$T3$ 设定为固定值 12 dB。对于从 NDVI 影像中识别植被和非植

被的 $T4$,我们经过试错法确定经验阈值为 0.30 dB。基于永久淹水样本值的统计分布,采用 2 个或 3 个标准差的方法确定 $T5$,其中,当其标准差较大时,说明内部值差异较大,则使用 2 个标准差;否则,使用 3 个标准差。考虑到挺水植被(EP)一般比开放水体具有相对较高的体散射(Manavalan, 2018),经过反复试错之后,$T6$ 最终确定为 $T5+3.0$ dB。对于洪淹植被(FV),我们采用滞后阈值策略(Canny, 1986)对(VV－meanVH)进行分割。滞后阈值策略使用上限和下限两个阈值:t_H(上限阈值)和 t_L(下限阈值)。大于 t_H 的像元将被直接认定为 FV,小于 t_L 的像元将被直接忽略,而值介于 t_L 和 t_H 之间的像元,则考虑其与确定 FV 像元之间的邻近性,邻近的则被判定为 FV 像元。本项目通过已有训练样本,选定 $t_H=T3$,$t_L=T_3-o_{VV}$。滞后阈值策略能够保证洪淹植被的空间连续性并去除一些错分的像元,此外,由于其并不是一个确定的硬阈值,故而由水位变化及植被物候变化导致的 VV 后向散射变化对方法造成的干扰也将进一步降低。

表 6－4　阈值及其选取策略

阈值	阈值分割目标	阈值选取策略
$T1$	maxVH	对一般开放水体样本使用大津阈值
$T2$	minVH	对一般开放水体样本使用 3 个标准差方法
$T3$	maxVV－meanVH	固定值(12 dB)
$T4$	maxNDVI	固定值(0.30 dB)
$T5$	VH	对永久淹水样本使用 2 个或 3 个标准差方法
$T6$	VH	$T5+3.0$ dB
$T7$	VV－meanVH	滞后阈值策略([$T3-o_{VV}$, $T3$]),o_{VV} 代表 VV 的标准差

3. 精度验证与交叉对比

我们使用 Kyzivat 等(2022)的实地调查样本作为参考,对湿地淹水制图结果进行精度验证。考虑到部分样本的获取时刻与 Sentinel－1 影像时刻存在一定的偏差,为了尽量减少时间不一致导致的淹水条件偏差,同时确保有一定的可用样本数量,本节选用那些与 Sentinel－1 成像时刻在 3 天内的观测样本。这些样本首先通过栅格化手段转成 10 m 分辨率的栅格数据,然后利用同为 10 m 分辨率的湿地淹水制图结果构建混淆矩阵,进而计算错分误差、漏分误差、总体精度、Kappa 系数等精度指标值。

同时,我们还将本节研究的结果与全球地表水动态数据集(global surface water dynamics, GSWD)、Pekel 等(2016)进行交叉对比。GSWD 是基于全球所有可用的 Landsat 影像利用一个专家分类系统获得的,其时间分辨率(月)和空间分辨率(30 m)与本节研究的结果相对来说最为接近。具体而言,我们首先对本节的湿地淹水制图结果进行时间和空间上的聚合，以生成时空分辨率与 GSWD 一致的淹水产品，然后将其与 GSWD 进行逐像元的叠置对比分析。

6.5.3　研究结果

1. 湿地淹水范围制图结果及其精度评价

图 6 - 8 和图 6 - 9 展示了 PAD 和 YF 两个研究区的湿地淹水范围制图结果，通过与同期的实地调查样本对比可以看到，本章基本上正确地识别了开放水体、水生植被、洪淹植被和陆地区域。然而，淹水灌丛（WS）、淹水森林（WF）等并没有很好地被识别出来（如图 6 - 8 所示）。通过目视检查发现，这类植被在淹水和未淹水条件下后向散射没有明显的差异，这可能是由于 C 波段的 SAR 信号无法穿透此类较密集冠层所致，故而该波长的 SAR 无法探测其冠层下的淹水条件。此外，育空河沿岸及洲心的一些沙坝（sedimentary BAR，SB）常常被识别为开放水体，这主要是由于当这些沙坝湿度较大时，其后向散射很低，非常接近于开放水体。考虑到沙坝的存在经常伴随着水面波纹，大多难以与开放水体区分开，本节将实地调查样本中的沙坝类型作为开放水体看待，忽略了这类错分情况。

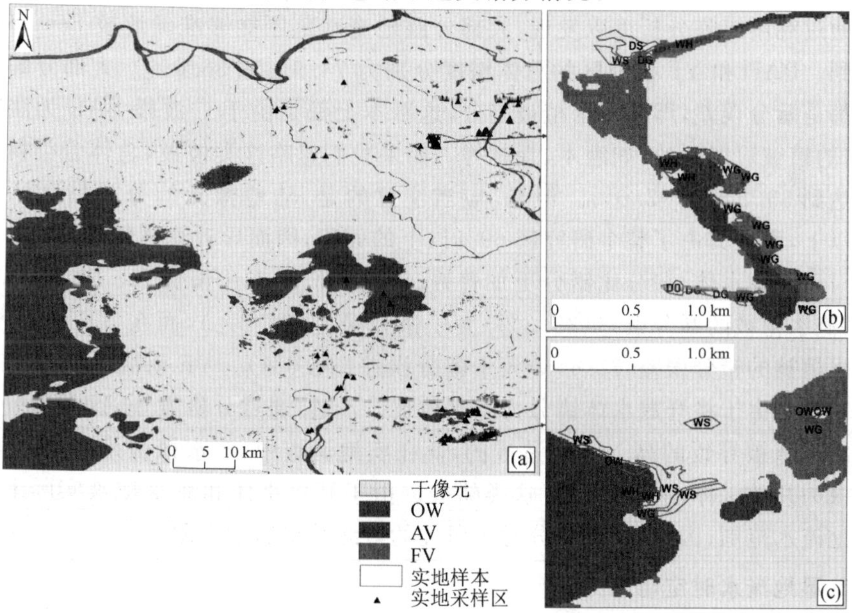

图 6 - 8　PAD 研究区湿地淹水范围①

① (a)为基于 2019 年 8 月 15 日 Sentinel - 1 获得的 PAD 研究区湿地淹水范围，(b)和(c)为局部放大区域，且叠加显示了实地验证样本（以多边形展示）。

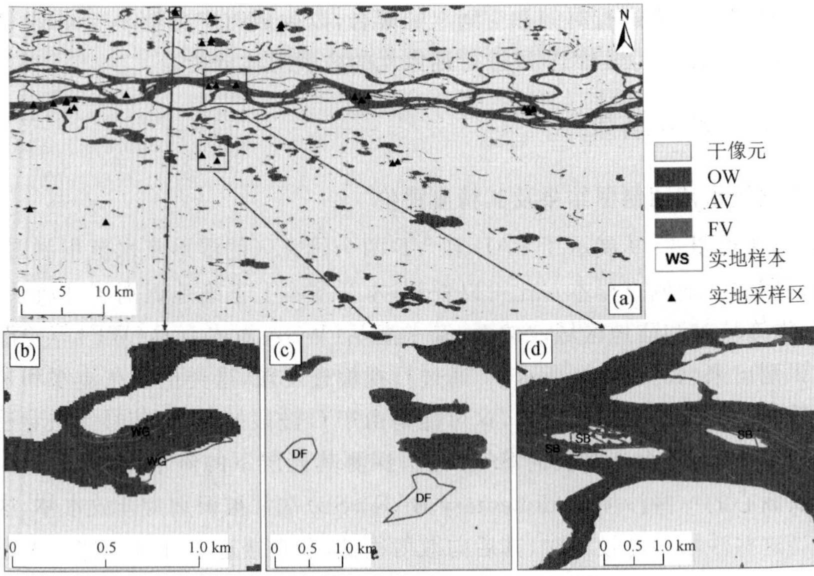

图 6-9　YF 研究区湿地淹水范围①

通过混淆矩阵分析可以发现，大部分湿地淹水范围能够准确地被 Sentinel-1 探测到。PAD 和 YF 研究区的总体精度分别为 74.9%和 86.0%。大部分的分类误差都是漏分误差，即将淹水植被漏分，这基本上都是由于 C 波段 SAR 无法穿透高、密的植被冠层所致，如灌木、森林等。如果我们忽略这类植被，总体分类精度将分别达到 93.2%和 92.0%。但是，应当注意的是，陆地像元的分类精度达到了 98%以上，而且其占了整个研究区 69%以上的面积，因而导致总体精度较高。

对于开放水体，漏分比错分更加普遍，说明我们的方法偏保守。对于 PAD 研究区，淹水植被的漏分误差(33.3%)大于错分误差(20.2%)，而在 YF 研究区，则是淹水植被的错分误差(72.4%)大于漏分误差(30.8%)。YF 研究区较高的错分误差主要是由于将开放水体错分为淹水植被。不过，通过分析发现，这类错分很可能是沉水植被导致的高 NDVI 造成的，而在实地调查中，沉水植被是直接忽略的，只记录为开放水体，故而导致了这类错分。由于开放水体和淹水植被实际上均属于湿地淹水范围，因此，这类错分对于研究的最终结果影响有限。

2. 湿地淹水时空动态

PAD 研究区共得到了 2017—2019 年的 41 幅湿地淹水图。图 6-10 展示了四个不同类别的面积的时间序列波动，其中，洪淹植被(FV)在约 20 km^2 至 100 km^2

① (a)为基于 2019 年 8 月 15 日 Sentinel-1 获得的 YF 研究区湿地淹水范围，(b)～(d)为局部放大区域，且叠加显示了实地验证样本(以多边形展示)。

之间波动，占湿地面积的 1.3%～6.3%和总面积的 0.3%～1.5%。淹水总面积 2017—2019 年相对稳定，而 2018 年开放水体的面积相对较大但水生植被的面积相对较小，我们认为这主要是 2018 年的水生植被（尤其是浮水植被）生长范围缩小所致。开放水体面积的年际波动较小，主要是大面积的湖泊占比较大所致。我们把所有的淹水图进行叠置分析，提取了三个年度的年最大淹水范围图，并对其最大淹水面积进行统计（见图 6－10）。可以看到，虽然开放水体的年最大面积相对稳定，而淹水植被的总体面积（即年度最大淹水面积减去最大开放水体面积）却相对稳定，这意味着地表水范围的年内空间波动较为剧烈。

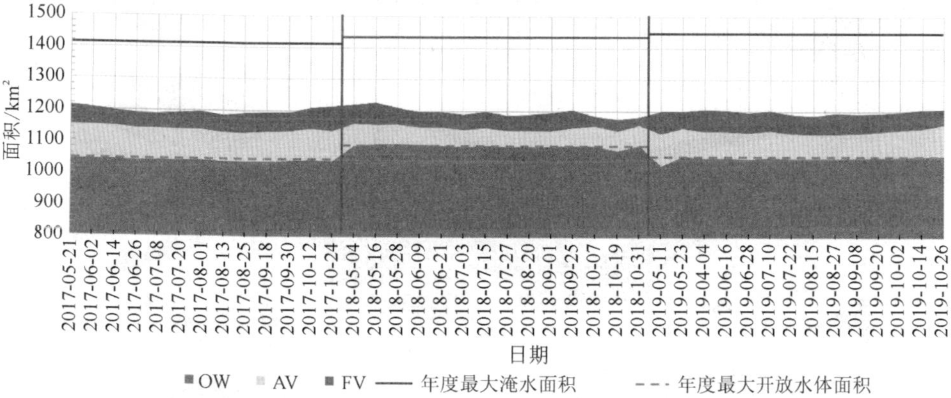

图 6－10　PAD 研究区 2017—2019 年的淹水组分面积变化

把 PAD 研究区内所有的 41 幅淹水图进行叠加，可以得到 2017—2019 年的淹水频率图（见图 6－11）。在该图中，越大的值代表淹水频率越高，其中最大值 41 代表永久淹水区域。湿地淹水过渡带定义为那些淹水频率大于 0 但小于 41 的区域，基于该定义，PAD 研究区的湿地过渡带总面积约 595 km^2，约占总面积的 9.1%。由图 6－11 可以看出，淹水频率从开放水体向四周递减，这主要是由于湿地是地表水汇聚的地方。这种空间分布模式也进一步验证了本节的假设框架，即湿地淹水组分一般接近开放水体。尽管 PAD 研究区内大面积的淹水状态变化一般是由于皮斯河冰塞洪水导致的返流（Peters et al.，2006），但图 6－11(c)显示的小范围的淹水区域变化主要是由于当地水生植被的变化而不是河道洪水。

对于 YF 研究区，本节共生成了 34 幅湿地淹水范围图。各淹水组分（包括开放水体、水生植被和洪淹植被）面积的变化见图 6－12。可以看出，其变化规律与图 6－10 相似，淹水总面积亦相对稳定，但洪淹植被面积波动较大。包括开放水体在内的淹水范围在总面积的 10.7%至 12.1%之间波动，而对于 PAD 研究区，这个比例是 18.0%～19.0%。因此，从数值统计上看，YF 研究区的淹水比例比 PAD 的波动更大，这主要是由于该地区多样的地质条件、冻土条件和地形条件等。不过，YF 研究区的年度最

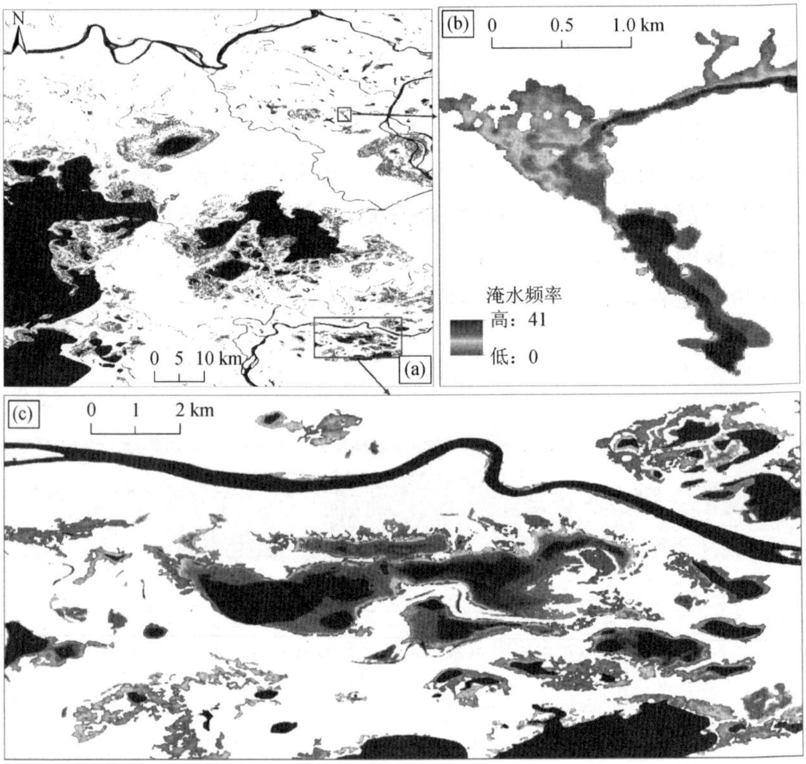

图 6 - 11　PAD 研究区 2017—2019 年淹水频率图

大淹水面积表明其淹水范围的年内空间波动远小于 PAD。图 6 - 13 展示了 YF 研究区的淹水频率，通过同样的频率统计方法可以发现，YF 研究区的最大淹水范围占总研究区面积的 12.9%，湿地过渡淹水带面积约 102 km²，约占总研究区面积的 3.6%。总体来看，YF 研究区淹水条件的时空动态波动性显著低于 PAD 研究区。

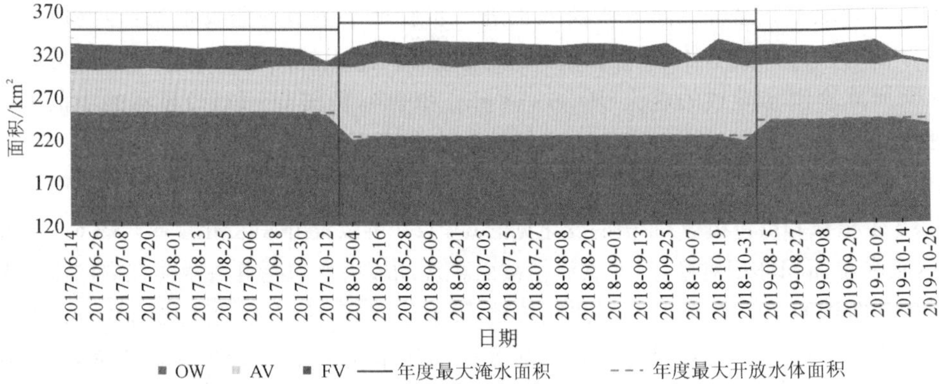

图 6 - 12　YF 研究区 2017—2019 年的淹水组分面积变化

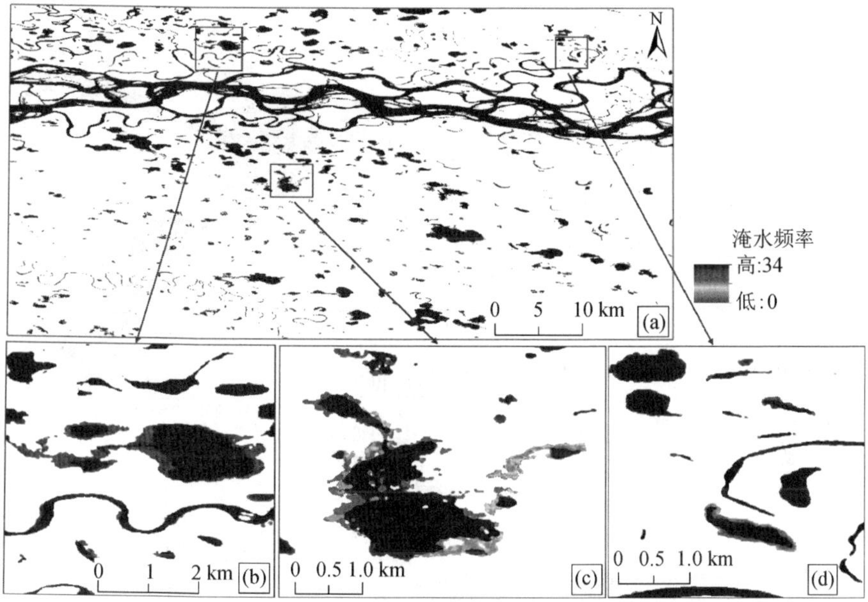

图 6-13　YF 研究区 2017—2019 年淹水频率图

3. 与 GSWD 交叉对比

基于两个研究区的淹水制图结果进行时空聚合，分别得到 PAD 研究区的 15 幅月度淹水图和 YF 研究区的 8 幅月度淹水图。将其分别与 GSWD 产品进行叠加分析，得到图 6-14 和图 6-15。正的差值代表本节获得的淹水频率高于 GSWD，而负的差值则相反。在图 6-14 的直方图中，为了显示效果，我们并未显示差值为 0 的像元数(因为该类像元数目非常大)。对于两个研究区，正的差值均相对更加广泛，表明相对于 GSWD，本节使用 Sentinel-1 得到的湿地淹水频率普遍较高，原因主要有三个方面：①大部分淹水植被，包括浮水植被的淹水状态，难以被 GSWD 捕捉到，因为 GSWD 是一个光学产品，而本节使用的 Sentinel-1 则能够较好地识别；②部分水体由于 Landsat 影像上的云遮挡等因素在 GSWD 中可能无法被正确地识别；③地理配准的误差也可能导致两个产品之间的不一致，尤其是对于岸边的像元。此外，本节的产品在部分区域，尤其是水体边缘区域，也有一些相对于 GSWD 更低的淹水频率，这主要是 Landsat 较低的空间分辨率导致的混合像元效应。

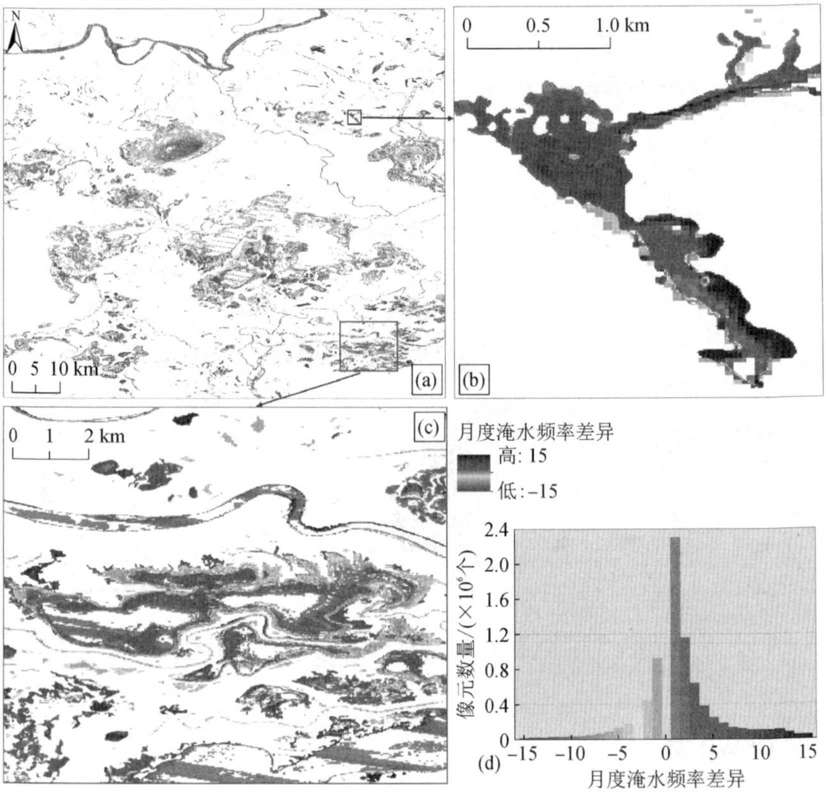

图 6-14 PAD 研究区淹水频率与 GSWD 产品淹水频率对比

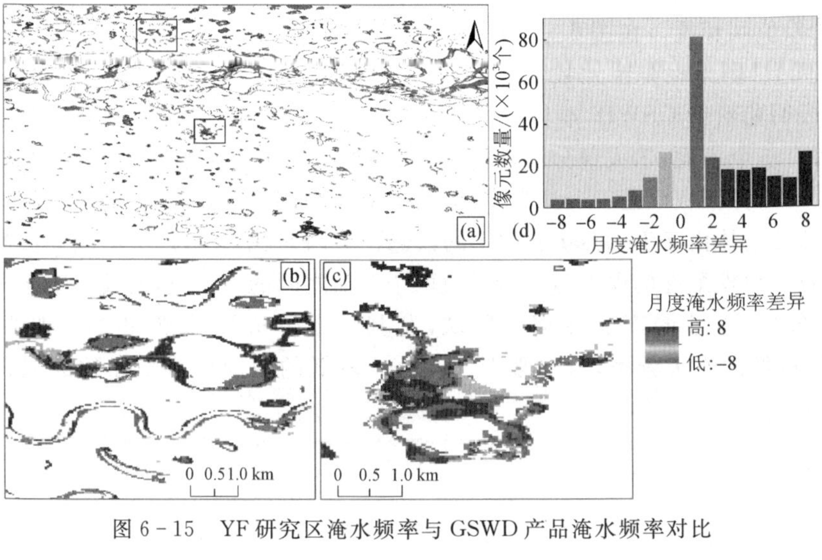

图 6-15 YF 研究区淹水频率与 GSWD 产品淹水频率对比

6.5.4　本节的生态学意义

北方寒冷地区湿地形态和功能多样，具有一系列生态服务功能，对局地、区域乃至全球尺度均具有重要的意义。本节所选取的两个研究区，是两个重要的湿地综合体，它们一方面为野生动物提供重要的栖息地，另一方面也为原住民的生活提供了重要的保障。本节通过时间序列 SAR 影像获得高时空分辨率的湿地淹水动态，有助于我们监测气候变化背景下的湿地水文条件变化。湿地甲烷排放是全球甲烷排放中最大的单一自然来源，临时淹水湿地是甲烷排放通量的热点（Tangen et al.，2019）。此外，湿地不同的淹水组分具有不同的甲烷排放速率，例如，挺水植被排放的甲烷比浮水植被或沉水植被排放得更多（Laanbroek，2009）。因此，确定临时淹水的湿地范围及其植被类别至关重要，特别是在季节性洪水频发的北方寒冷地区。本节实现了高空间分辨率（10 m）和高时间分辨率（12 天）的湿地淹水组分识别与动态监测，因此可以为甲烷排放过程模型提供更为精细化的输入数据，相比于使用静态的湿地淹水范围图作为输入数据具有明显的优势。

总体而言，YF 和 PAD 研究区都有较大范围的临时淹水湿地，但它们具有完全不同的时空规律。对两个研究区的时间序列淹水范围图进行叠加分析发现，YF 中的临时淹水范围小于 PAD（见图 6－10 至图 6－13）。在研究期内（2017 年 5 月至 2019 年 10 月），淹水面积百分比在 YF 中为 10.7％至 12.1％，在 PAD 中为 18.0％至 19.0％。YF 的临时湿地淹水面积约为 102 km^2，占总面积的 3.6％，而 PAD 的临时淹水面积约 595 km^2，约占总面积的 9.1％。我们推断，与临时湿地淹水过程密切相关的甲烷排放在 PAD 研究区更为常见。未来的工作应考虑将本节中绘制的时间序列淹水结果与甲烷排放过程模型相结合，以估计 PAD 研究区甲烷排放的季节周期。

6.5.5　小结

本章探讨了结合 Sentinel－1 C 波段 SAR 数据和 Sentinel－2 MSI 可见/近红外数据监测美国阿拉斯加的 YF 研究区和加拿大阿尔伯塔省的 PAD 研究区北方寒冷地区湿地的临时淹水状态的可行性。利用实地收集的同期湿地淹水状态数据对结果进行验证，我们发现，大多数实地观测到的湿地淹水范围都能被本节采用的方法正确监测到，两个研究区域的总体分类准确率均超过 90％。PAD 和 YF 的漏分和错分误差分别在 30％和 20％左右。与目前常用的基于 Landsat 的全球地表水产品（Pekel et al.，2016）相比，本节所得到的淹水范围图对植被冠层下的淹水条件更敏感和准确，其空间和时间分辨率也更高。

本节使用时间变化的雷达后向散射统计数据和两步决策树进一步减少了湿地淹水范围的错分问题。由于该方法同时使用共极化（VV）和交叉极化（VH）后向散射,因此它对淹水植被的二次反射(高 VV)和植被冠层的体散射(高 VH)都很敏感(Marti-Cardona et al.,2013)。此外,植被冠层的物候循环(比如枯枝落叶),以及开放地表水体由于风、雨导致的表面粗糙,均能导致 C 波段 SAR 的后向散射发生变化,加大了淹水条件反演的难度。本节通过结合双极化 C 波段 SAR 后向散射、光学 NDVI 和空间邻近性的原理来缓解这些影响。该方法需要 7 个阈值(见图 6-7、表 6-4)来定义识别不同淹水组分的决策策略。通过统计方法,其中 4 个阈值($T1$、$T2$、$T5$ 和 $T7$)可以自动获得,而另外 3 个阈值($T3$、$T4$ 和 $T6$)则需要通过试验调试获得。虽然本节确定的 $T3$、$T4$ 和 $T6$ 的经验阈值在两个研究区中均取得了较为稳定的结果,但当应用于其他研究区时,其最优阈值可能需要进行一定的调整,才能获得最佳的结果。

本节的研究亦存在一定的局限性。首先,它假设湿地的临时淹水围绕永久开放水体周围进行扩张和收缩,而对于完全被植被遮蔽的湿地,例如没有开放水域的沼泽,则无法监测到。因此,更准确地说,该方法是针对开放水域湿地的制图方法,而不是一般的湿地制图方法。其次,由于 Sentinel-1 C 波段 SAR 的波长相对较短,难以有效地穿透密集的植被冠层,导致难以监测到冠层较密集的灌木或森林下的淹水状态。这两个限制使得本节得到的湿地淹水面积估计值比实际值偏小。未来的工作应考虑利用更长波长卫星雷达数据,如 ALOS 和 NISAR 卫星获得的 L 波段 SAR,以扩大可以探测到淹水条件的林冠密度范围。最后,本节首次尝试区分挺水植被(EP)和洪淹植被(FV),但是,需要注意的是,它们之间的界限其实并不明确。当 EP 的水上部分能够引起二次反射时,其将被归类为 FV,而当洪水水位较高导致 FV 的二次反射不显著时,FV 也将被识别为 EP。同样,一些浮水植物(FP)和 EP 由于相似的后向散射特征而难以区分。为了减少这类混淆,本节还提供了对相关类别进行合并的综合淹水类别图。与最初的五类分类结果相比,合并后的淹水类别图仅关注淹水的范围,淹水组分间混淆更少。

尽管存在以上局限性,但本节结合 Sentinel-1 SAR 和 Sentinel-2 MSI 成像的高时间和空间分辨率能够有效监测整个研究区的年内和年际淹水变化。淹水频率时空变化图(上图 6-11 和图 6-13)显示,与 YF 相比,PAD 中湿地临时淹水在时空上波动更为显著。本节基于 Sentinel-1 C 波段 SAR 时间序列数据辅以 Sentinel-2 MSI 光学图像的研究,为北方沼泽湿地临时淹水条件监测提供了重要的技术支持。

参考文献

褚永海,李建成,姜卫平,等,2005. 利用 Jason-1 数据监测呼伦湖水位变化[J]. 大地测量与地球动力学,25(4):11-16.

范春波,李建成,王丹，等，2005. 激光高度计卫星 ICESAT 在地学研究中的应用[J]. 大地测量与地球动力学，25(2)：94－97.

何智勇,章孝灿,黄智才，等，2004. 一种高分辨率遥感影像水体提取技术[J]. 浙江大学学报(理学版)，31(6)：701－707.

贾明明，刘殿伟，王宗明，等，2013. 面向对象方法和多源遥感数据的杭州湾海岸线提取分析[J]. 地球信息科学学报，15(2)：262－269.

李晟铭，刘吉平，王铭，等，2018. 基于 Sentinel－1A 的 2016 年长江中下游重灾区洪水遥感监测及灾情评估 [J]. 安徽农业科学，46(10)：68－74.

李华朋，张树清，孙妍，2010. 合成孔径雷达在湿地资源研究中的应用 [J]. 自然资源学报，25(1)：148－154.

李建成，褚永海，姜卫平，等，2007. 利用卫星测高资料监测长江中下游湖泊水位变化 [J]. 武汉大学学报(信息科学版),32(2):4.

李景刚，黄诗峰，李纪人，2010. ENVISAT 卫星先进合成孔径雷达数据水体提取研究:改进的最大类间方差阈值法 [J]. 自然灾害学报，19(3)：139－145.

李均力，陈曦，包安明，2011. 2003—2009 年中亚地区湖泊水位变化的时空特征 [J]. 地理学报，66(9)：1219－1229.

李蒙，严登华，刘少华，等，2017. 近 40 年来纳木错水面面积及蓄水量变化特征 [J]. 水电能源科学，35(2)：41－43.

李艳华，丁建丽，闫人华，2015. 基于国产 GF－1 遥感影像的山区细小水体提取方法研究[J]. 资源科学，37(2)：408－416.

刘晨洲，施建成，高帅，等，2010. 基于改进混合像元方法的 MODIS 影像水体提取研究 [J]. 遥感信息(1)：84－88.

刘仁义，刘南，2001. 基于 GIS 的复杂地形洪水淹没区计算方法 [J]. 地理学报(1)：1－6.

卢乃锰，闵敏，董立新，等，2016. 星载大气探测激光雷达发展与展望[J]. 遥感学报，20(1)：1－10.

卢善龙，吴炳方，闫娜娜，等，2010. 河川径流遥感监测研究进展 [J]. 地球科学进展，25(8)：820－826.

骆承政，2006. 中国历史大洪水调查资料汇编[M]. 北京:中国书店出版社.

史卓琳，黄昌，2020. 河流水情要素遥感研究进展[J]. 地理科学进展，39(4)：670－684.

宋春桥，叶庆华，程晓，2015. 基于 ICESat/CryoSat－2 卫星测高及站点观测的纳木错湖水位趋势变化监测 [J]. 科学通报，21：2048.

孙海，王乘，2009. 利用 DEM 的“环形”洪水淹没算法研究 [J]. 武汉大学学报(信息科学版)，8：948－951.

孙家柄，2009. 遥感原理与应用[M]. 武汉：武汉大学出版社.

王大钊，王思梦，黄昌，2019. Sentinel - 2 和 Landsat8 影像的四种常用水体指数地表水体提取对比[J]. 国土资源遥感，31(3)：157 - 165.

王小标，谢顺平，都金康，2018. 水体指数构建及其在复杂环境下有效性研究[J]. 遥感学报，22(2)：360 - 372.

吴红波，郭忠明，毛瑞娟，2012. ICESat - GLAS 测高数据在长江中下游湖泊水位变化监测中的应用 [J]. 资源科学，34(12)：2289 - 2298.

杨军，贾鹏，周廷刚，等，2011. 基于 DEM 的洪水淹没模拟分析及虚拟现实表达 [J]. 西南大学学报(自然科学版)，10：143 - 148.

杨树文，薛重生，刘涛，等，2010. 一种利用 TM 影像自动提取细小水体的方法 [J]. 测绘学报，39(6)：611 - 617.

岳辉，刘英，2017. 基于 Landsat 及 ICESat 和 Hydroweb 的太湖容积变化监测 [J]. 水利水电技术，48(9)：77 - 83.

张国庆，姚檀栋，康世昌，2013. 基于 ICESat 和 Landsat 的中国十大湖泊水量平衡估算 [J]. 科学通报，58(26)：2664 - 2678.

张洪源，吴艳红，刘衍君，2018. 近 20 年青海湖水量变化遥感分析 [J]. 地理科学进展，37(6)：823 - 832.

张鑫，吴艳红，张鑫，2014. 1972—2012 年青藏高原中南部内陆湖泊的水位变化 [J]. 地理学报(7)：993 - 1001.

赵英时，等，2013. 遥感应用分析原理与方法[M]. 2 版. 北京：科学出版社.

赵云，廖静娟，沈国状，等，2017. 卫星测高数据监测青海湖水位变化 [J]. 遥感学报，21(4)：633 - 644.

朱长明，李均力，张新，等，2015. 近 40a 来博斯腾湖水资源遥感动态监测与特征分析[J]. 自然资源学报，30(1)：106 - 114.

ACHARYA T D，LEE D H，YANG I T，et al，2016. Identification of water bodies in a landsat 8 OLI image using a J48 decision tree [J]. Sensors，16(7)：1075.

ALLEN G H，PAVELSKY T M，2015. Patterns of river width and surface area revealed by the satellite-derived North American river width data set [J]. Geophysical Research Letters，42(2)：395 - 402.

ALSDORF D E，LETTENMAIER D P，2003. Tracking fresh water from space [J]. Science，301(5639)：1491 - 1494.

ALSDORF D E，MELACK J M，DUNNE T，et al，2000. Interferometric radar measurements of water level changes on the Amazon flood plain [J]. Nature，404(6774)：174 - 177.

ALSDORF D, BATES P, MELACK J, et al, 2007. Spatial and temporal complexity of the Amazon flood measured from space [J]. Geophys. Res. Lett., 34(8): L08402.

ALSDORF D, BIRKETT C, DUNNE T, et al, 2001. Water level changes in a large Amazon lake measured with spaceborne radar interferometry and altimetry [J]. Geophysical Research Letters, 28(14): 2671-2674.

ALTENAU E H, PAVELSKY T M, MOLLER D, et al, 2019. Temporal variations in river water surface elevation and slope captured by air SWOT [J]. Remote Sensing of Environment, 224: 304-316.

ANDREOLI R, YESOU H, LI J, et al, 2007. Inland lake monitoring using low and medium resolution ENVISAT ASAR and optical data: Case study of Poyang Lake(Jiangxi, P. R. China) [C]. 2007 IEEE International Geoscience and Remote Sensing Symposium.

BARMAN U, CHOUDHURY R D, 2019. Soil texture classification using multi class support vector machine [J]. Information Processing in Agriculture, 7(2): 318-332.

BARTON I J, BATHOLS J M, 1989. Monitoring floods with AVHRR [J]. Remote Sensing of Environment, 30(1): 89-94.

BIANCAMARIA S, LETTENMAIER D P, PAVELSKY T M, 2016. The SWOT mission and its capabilities for land hydrology [J]. Surveys in Geophysics, 37(2): 307-337.

BIRKETT C M, BECKLEY B, 2010. Investigating the performance of the Jason-2/OSTM radar altimeter over lakes and reservoirs [J]. Marine Geodesy, 33(S1): 204-238.

BIRKETT C M, MERTES L K, DUNNE T, et al, 2002. Surface water dynamics in the Amazon Basin: Application of satellite radar altimetry [J]. Journal of Geophysical Research: Atmospheres, 107(D20): 1-21.

BIRKETT C, 1995. The contribution of TOPEX/POSEIDON to the global monitoring of climatically sensitive lakes [J]. Journal of Geophysical Research: Oceans, 100(C12): 25179-25204.

BJERKLIE D M, BIRKETT C M, JONES J W, et al, 2018. Satellite remote sensing estimation of river discharge: Application to the Yukon River Alaska[J]. Journal of Hydrology, 561: 1000-1018.

BJERKLIE D M, LAWRENCE D S, VOROSMARTY C J, et al, 2003. Evaluating the potential for measuring river discharge from space [J]. Journal of Hydrology, 278(1-4): 17-38.

BLASCO F, BELLAN M F, CHAUDHURY M U, 1992. Estimating the extent of floods in Bangladesh using SPOT data [J]. Remote Sensing of Environment, 39(3): 167-178.

BOURGEAU-CHAVEZ L L, ENDRES S, POWELL R, et al, 2016. Mapping boreal peatland ecosystem types from multitemporal radar and optical satellite imagery [J]. Canadian Journal of Forest Research, 47(4): 545-559.

BRABETS T P, WANG B, MEADE R H, 2000. Environmental and hydrologic overview of the Yukon River basin, Alaska and Canada [R]. U. S. Dept. of the Interior, U. S. Geological Survey; Branch of Information Services [distributor].

BRAKENRIDGE G R, NGHIEM S V, ANDERSON E, et al, 2007. Orbital microwave measurement of river discharge and ice status [J]. Water Resources Research, 43(4): W04405.

BRAKENRIDGE G R, NGHIEM S V, ANDERSON E, et al, 2005. Space-based measurement of river runoff [J]. Eos Trans. AGU, 86(19):186-187.

BRAKENRIDGE G R, TRACY B T, KNOX J C, 1998. Orbital SAR remote sensing of a river flood wave [J]. International Journal of Remote Sensing, 19 (7): 1439-1445.

BRISCO B, KAPFER M, HIROSE T, et al, 2011. Evaluation of C-band polarization diversity and polarimetry for wetland mapping [J]. Canadian Journal of Remote Sensing, 37(1): 82-92.

BRISCO B, SCHMITT A, MURNAGHAN K, et al, 2013. SAR polarimetric change detection for flooded vegetation [J]. International Journal of Digital Earth, 6(2): 103-114.

BRISCO B, SHELAT Y, MURNAGHAN K, et al, 2019. Evaluation of C-band SAR for identification of flooded vegetation in emergency response products [J]. Canadian Journal of Remote Sensing, 45(1): 73-87.

CANNY J, 1986. A computational approach to edge detection [J]. IEEE Transactions on Pattern Analysis and Machine Intelligence, 8(6): 679-698.

CHAPMAN B, HESS L, LUCAS R, 2016. Remote sensing of water in wetlands: Inundation patterns and extent [M]//FINLAYSON C M, EVERARD M, IRVINE K, et al. The wetland book I: Structure and function, management and methods. Dordrecht: Springer Netherlands.

CHEN Y, HUANG C, TICEHURST C, et al, 2013. An evaluation of MODIS daily and 8-day composite products for floodplain and wetland inundation mapping [J]. Wetlands, 33(5): 823 - 835.

CLEWLEY D, WHITCOMB J, MOGHADDAM M, et al, 2015. Evaluation of ALOS PALSAR data for high-resolution mapping of vegetated wetlands in Alaska [J]. Remote Sensing, 7(6): 7272 - 7297.

COHEN J, RIIHIMÄKI H, PULLIAINEN J, et al, 2016. Implications of boreal forest stand characteristics for X-band SAR flood mapping accuracy [J]. Remote Sensing of Environment, 186: 47 - 63.

COOLEY S, SMITH L, STEPAN L, et al, 2017. Tracking dynamic northern surface water changes with high-frequency planet CubeSat imagery [J]. Remote Sensing, 9(12): 1306.

CORTES C, VAPNIK V, 1995. Support-vector networks [J]. Machine Learning, 20(3): 273 - 297.

CRIST E P, 1985. A TM tasseled cap equivalent transformation for reflectance factor data [J]. Remote Sensing of Environment, 17(3): 301 - 306.

DE GROEVE T B R G, PARIS S, 2015a. Global flood detection system: Data product specifications [M]. Ispra: Joint Research Centre Technical Report.

DE GROEVE T, BRAKENRIDGE G, PARIS S, 2015b. Global flood detection system data product specifications [Z]. Brussels: Joint Research Centre.

DELANCEY E R, KARIYEVA J, CRANSTON J, et al, 2018. Monitoring hydro temporal variability in Alberta, Canada with multi-temporal Sentinel-1 SAR data [J]. Canadian Journal of Remote Sensing, 44(1): 1 - 10.

DELMEIRE S, 1997. Use of ERS - 1 data for the extraction of flooded areas [J]. Hydrological Processes, 11(10): 1393 - 1396.

DEUTSCH M, RUGGLES F, 1974. Optical data processing and projected applications of the ERTS-1 imagery covering the 1973 Mississippi River Valley floods [J]. Water Resources Bulletin, 10(5): 1023 - 1039.

DI BALDASSARRE G, SCHUMANN G, BRANDIMARTE L, et al, 2011. Timely low resolution SAR imagery to support floodplain modelling: A case study review [J]. Surveys in Geophysics, 32(3): 255 - 269.

DU Y, ZHANG Y, LING F, et al, 2016. Water bodies' mapping from sentinel-2 imagery with modified normalized difference water index at 10 - m spatiresolution produced by sharpening the SWIR band [J]. Remote Sensing, 8(4): 354.

DU Z, LINGHU B, LING F, et al, 2012. Estimating surface water area changes using time-series landsat data in the Qingjiang River Basin, China [J]. Journal of Applied Remote Sensing, 6(1): 63609.

DUAN Z, BASTIAANSSEN W G M, 2013. Estimating water volume variations in lakes and reservoirs from four operational satellite altimetry databases and satellite imagery data [J]. Remote Sensing of Environment, 134: 403 - 416.

EKEU-WEI I T,BLACKBURN G A, 2018. Applications of open-access remotely sensed data for flood modelling and map ping in developing regions [J]. Hydrology, 5(3):39.

FENG L, HU C M, CHEN X L, et al, 2012. Assessment of inundation changes of Poyang Lake using MODIS observations between 2000 and 2010 [J]. Remote Sensing of Environment, 121: 80 - 92.

FEYISA G L, MEILBY H, FENSHOLT R, et al, 2014. Automated water extraction index: A new technique for surface water mapping using landsat imagery [J]. Remote Sensing of Environment, 140: 23 - 35.

FISHER A, FLOOD N, DANAHER T, 2016. Comparing landsat water index methods for automated water classification in eastern Australia [J]. Remote Sensing of Environment, 175: 167 - 182.

FRAPPART F, PAPA F, DA SILVA J S, et al, 2012. Surface freshwater storage and dynamics in the Amazon basin during the 2005 exceptional drought [J]. Environmental Research Letters, 7(4): 44010.

FRAPPART F, SEYLER F, MARTINEZ J M, et al, 2005. Floodplain water storage in the Negro River basin estimated from microwave remote sensing of inundation area and water levels [J]. Remote Sensing of Environment, 99(4): 387 - 399.

FRAZIER P S, PAGE KJ, 2000. Water body detection and delineation with landsat TM data [J]. Photogrammetric Engineering and Remote Sensing, 66: 1461 - 1467.

GALLANT J C, DOWLING T I, 2003. A multiresolution index of valley bottom flatness for mapping depositional areas [J]. Water Resources Research, 39 (12): 1347 - 1360.

GIANINETTO M, VILLA P, LECHI G, 2006. Postflood damage evaluation using landsat TM and ETM plus data integrated with DEM [J]. Ieee Transactions on Geoscience and Remote Sensing, 44(1): 236 - 243.

GIUSTARINI L, HOSTACHE R, KAVETSKI D, et al, 2016. Probabilistic flood mapping using synthetic aperture radar data [J]. Ieee Transactions on Geoscience and Remote Sensing, 54(12): 6958 - 6969.

GIUSTARINI L, VERNIEUWE H, VERWAEREN J, et al, 2015. Accounting for image uncertainty in SAR-based flood mapping[J]. International Journal of Applied Earth Observation and Geoinformation, 34: 70 - 77.

GLEASON C J, SMITH L C, LEE J, 2014. Retrieval of river discharge solely from satellite imagery and at-many-stations hydraulic geometry: Sensitivity to river form and optimization parameters [J]. Water Resources Research, 50 (12): 9604 - 9619.

GLEASON C J, SMITH L C, 2014. Toward global mapping of river discharge using satellite images and at-many-stations hydraulic geometry [J]. Proceedings of the National Academy of Sciences, 111(13): 4788 - 4791.

GLEASON C J, DURAND M T, 2020. Remote sensing of river discharge: A review and a framing for the discipline [J]. Remote Sensing, 12: 1107.

GORELICK N, HANCHER M, DIXON M, et al, 2017. Google earth engine: Planetary-scale geospatial analysis for everyone [J]. Remote Sensing of Environment, 202(Supplement C): 18 - 27.

GRANDI G D, MALINGREAU J, LEYSEN M, 1999. The ERS - 1 central Africa Mosaic: A new perspective in radar remote sensing for the global monitoring of vegetation [J]. Ieee Transactions on Geoscience and Remote Sensing, 37(3): 1730 - 1746.

GRIMALDI S, XU J, LI Y, et al, 2020. Flood mapping under vegetation using single SAR acquisitions [J]. Remote Sensing of Environment, 237: 111582.

GUERSCHMAN J, WARREN G, BYRNE G, et al, 2011. MODIS-based standing water detection for flood and large reservoir mapping: Algorithm development and applications for the Australian continent [M]. Canberra: CSIRO.

HAERTEL V F, SHIMABUKURO Y E. Spectral linear mixing model in low spatial resolution image data [J]. Ieee Transactions on Geoscience and Remote Sensing, 2005, 43(11):159 - 163.

HAGEMANN M, GLEASON C, DURAND M, 2017. BAM: Bayesian AMHG-Manning inference of discharge using remotely sensed stream width, slope, and height [J]. Water Resources Research, 53(11): 9692 - 9707.

HEIMHUBER V, TULBURE M G, BROICH M, 2016. Modeling 25 years of spatio-temporal surface water and inundation dynamics on large river basin scale using time series of Earth observation data [J]. Hydrology and Earth System Sciences, 20(6): 2227 - 2250.

HENRY J B, CHASTANET P, FELLAH K, et al, 2006. Envisat multipolarized ASAR data for flood mapping [J]. International Journal of Remote Sensing, 27(10): 1921 - 1929.

HESS L L, MELACK J M, SIMONETT D S, 1990. Radar detection of flooding beneath the forest canopy-A review [J]. International Journal of Remote Sensing, 11(7): 1313 - 1325.

HOLLAND W R, MALANOTTE-RIZZOLI P, 1989. Assimilation of altimeter data into an ocean circulation model: Space versus time resolution studies [J]. Journal of Physical Oceanography, 19(10): 1507 - 1534.

HORRITT M S, MASON D C, COBBY D M, et al, 2003. Waterline mapping in flooded vegetation from airborne SAR imagery [J]. Remote Sensing of Environment, 85(3): 271 - 281.

HSIAO Y S, HWANG C, CHENG Y S, et al, 2016. High-resolution depth and coastline over major atolls of South China Sea from satellite altimetry and imagery[J]. Remote Sensing of Environment, 176: 69 - 83.

HUANG C, CHEN Y, WU J, et al, 2015. An evaluation of Suomi NPP - VIIRS data for surface water detection[J]. Remote Sensing Letters, 6(2): 155 - 164.

HUANG C, CHEN Y, WU J, 2013. A dem-based modified pixel swapping algorithm for floodplain inundation mapping at subpixel scale[C]. 2013 IEEE International Geoscience and Remote Sensing Symposium-IGARSS.

HUANG C, CHEN Y, WU J, 2014a. DEM-based modification of pixel-swapping algorithm for enhancing floodplain inundation mapping [J]. International Journal of Remote Sensing, 35(1): 365 - 381.

HUANG C, CHEN Y, WU J, 2014b. Mapping spatio-temporal flood inundation dynamics at large river basin scale using time-series flow data and MODIS imagery [J]. International Journal of Applied Earth Observation and Geoinformation, 26(0): 350 - 362.

HUANG C, CHEN Y, ZHANG S, et al, 2018a. Detecting, extracting, and monitoring surface water from space using optical sensors: A review [J]. Reviews of Geophysics, 56(2):333 - 360.

HUANG C, CHEN Y, ZHANG S, et al, 2017a. Spatial downscaling of Suomi NPP-VIIRS image for lake mapping[J]. Water, 9(11): 834.

HUANG C, NGUYEN B D, ZHANG S, et al, 2017b. A comparison of terrain indices toward their ability in assisting surface water mapping from sentinel-1 data [J]. ISPRS International Journal of Geo-Information, 6(5): 140.

HUANG C, ZAN X, YANG X, et al, 2016. Surface water change detection using change vector analysis[C]. 2016 IEEE International Geoscience and Remote Sensing Symposium(IGARSS).

HUANG Q, LONG D, DU M, et al, 2018b. Discharge estimation in high-mountain regions with improved methods using multisource remote sensing: A case study of the Upper Brahmaputra River [J]. Remote Sensing of Environment, 219: 115 - 134.

ISIKDOGAN F, BOVIK A, PASSALACQUA P, 2015. Automatic channel network extraction from remotely sensed images by singularity analysis [J]. Ieee Geoscience and Remote Sensing Letters, 12(11): 2218 - 2221.

ISIKDOGAN F, BOVIK A, PASSALACQUA P, 2017. RivaMap: An automated river analysis and mapping engine [J]. Remote Sensing of Environment, 202(Supplement C): 88 - 97.

ISLAM A S, BALA S K, HAQUE M A, 2010. Flood inundation map of Bangladesh using MODIS time-series images [J]. Journal of Flood Risk Management, 3(3): 210 - 222.

ISLAM M D M, SADO K, 2000a. Development of flood hazard maps of Bangladesh using NOAA-AVHRR images with GIS [J]. Hydrological Sciences Journal, 45(3): 337 - 355.

ISLAM M M, SADO K, 2000b. Flood hazard assessment in Bangladesh using NOAA AVHRR data with geographical information system [J]. Hydrological Processes, 14(3): 605 - 620.

JI L, ZHANG L, WYLIE B, 2009. Analysis of dynamic thresholds for the normalized difference water index [J]. Photogrammetric Engineering and Remote Sensing, 75(11): 1307 - 1317.

JIA K, JIANG W, LI J, et al, 2018. Spectral matching based on discrete particle swarm optimization: A new method for terrestrial water body extraction using multi-temporal Landsat 8 images [J]. Remote Sensing of Environment, 209: 1 - 18.

JIANG H, FENG M, ZHU Y, et al, 2014. An automated method for extracting rivers and lakes from landsat imagery [J]. Remote Sensing, 6(6): 5067 - 5089.

KÄÄB A, 2005. Combination of SRTM3 and repeat ASTER data for deriving alpine glacier flow velocities in the Bhutan Himalaya [J]. Remote Sensing of Environment, 94(4): 463 - 474.

KARPATNE A, KHANDELWAL A, CHEN X, et al, 2016. Global monitoring of inland water dynamics: State-of-the-art, challenges, and opportunities [M]//

LÄSSIG J, KERSTING K, MORIK K. Computational sustainability. Cham: Springer International Publishing.

KASISCHKE E S, BOURGEAU-CHAVEZ L L, 1997. Monitoring South Florida wetlands using ERS - 1 SAR imagery [J]. Photogrammetric Engineering and Remote Sensing, 63(3): 281 - 291.

KHAN S I, HONG Y, GOURLEY J J, et al, 2014. Multi-sensor imaging and space-ground cross-validation for 2010 flood along Indus River, Pakistan [J]. Remote Sensing, 6(3): 2393 - 2407.

KOBLINSKY C J, CLARKE R T, BRENNER A C, et al, 1993. Measurement of river level variations with satellite altimetry[J]. Water Resources Research, 29(6): 1839 - 1848.

KUGLER Z, DE GROEVE T, 2007. The global flood detection system [Z]. Luxembourg:Office for Official Publications of the European Communities.

KWAK Y, PARK J, FUKAMI K,2011. Nation-wide flood risk assessment using inundation level model and MODIS time-series imagery [C]. 2011 IEEE International Geoscience and Remote Sensing Symposium.

KYZIVAT E D, SMITH L C, GARCIA-TIGREROS F, et al, 2022. The importance of lake emergent aquatic vegetation for estimating arctic-boreal methane emissions [J]. Journal of Geophysical Research: Biogeosciences, 127 (6): e2021JG006635.

LAANBROEK H J, 2009. Methane emission from natural wetlands: Interplay between emergent macrophytes and soil microbial processes. A mini-review [J]. Annals of Botany, 105(1): 141 - 153.

LANG M W, TOWNSEND P A, KASISCHKE E S, 2008. Influence of incidence angle on detecting flooded forests using C-HH synthetic aperture radar data [J]. Remote Sensing of Environment, 112(10): 3898 - 3907.

LEOPOLD L B, MADDOCK JR T, 1953. The hydraulic geometry of stream channels and some physiographic implications [M]. Washington: Professional Paper.

LEWIS A, OLIVER S, LYMBURNER L, et al, 2017. The Australian geoscience data cube - Foundations and lessons learned [J]. Remote Sensing of Environment, 202: 276 - 292.

LI J, SHENG Y, 2012. An automated scheme for glacial lake dynamics mapping using landsat imagery and digital elevation models: A case study in the Himalayas [J]. International Journal of Remote Sensing, 33(16): 5194 - 5213.

LIANG J, LIU D, 2020. A local thresholding approach to flood water delineation using Sentinel-1 SAR imagery [J]. Isprs Journal of Photogrammetry and Remote Sensing, 159: 53 - 62.

LONG S, FATOYINBO T E, POLICELLI F, 2014. Flood extent mapping for Namibia using change detection and thresholding with SAR [J]. Environmental Research Letters, 9(3): 35002.

LU S, WU B, YAN N, et al, 2011. Water body mapping method with HJ-1A/B satellite imagery [J]. International Journal of Applied Earth Observation and Geoinformation, 13(3): 428 - 434.

MANAVALAN P, SATHYANATH P, RAJEGOWDA G L, 1993. Digital image analysis techniques to estimate waterspread for capacity evaluations of reservoirs [J]. Photogrammetric Engineering & Remote Sensing, 59(9): 1389 - 1395.

MANAVALAN P, 2018. Review of synthetic aperture radar frequency, polarization, and incidence angle data for mapping the inundated regions [J]. Journal of Applied Remote Sensing, 12(2): 21501.

MARKUS T, NEUMANN T, MARTINO A, et al, 2017. The ice, cloud, and land elevation satellite-2 (ICESat - 2): Science requirements, concept, and implementation[J]. Remote Sensing of Environment, 190: 260 - 273.

MARTI-CARDONA B, DOLZ-RIPOLLES J, LOPEZ-MARTINEZ C, 2013. Wetland inundation monitoring by the synergistic use of ENVISAT/ASAR imagery and ancilliary spatial data [J]. Remote Sensing of Environment, 139: 171 - 184.

MARTINIS S, PLANK S, WIK K, 2018. The use of sentinel-1 time-series data to improve flood monitoring in arid areas [J]. Remote Sensing, 10(4): 583.

MARTINIS S, RIEKE C, 2015. Backscatter analysis using multi-temporal and multi-frequency SAR data in the context of flood mapping at River Saale, Germany[J]. Remote Sensing, 7(6): 7732 - 7752.

MATGEN P, SCHUMANN G, HENRY J B, et al, 2007. Integration of SAR-derived river inundation areas, high-precision topographic data and a river flow model toward near real-time flood management [J]. International Journal of Applied Earth Observation and Geoinformation, 9(3): 247 - 263.

MCFEETERS S K, 1996. The use of the normalized difference water index (NDWI) in the delineation of open water features [J]. International Journal of Remote Sensing, 17(7): 1425 - 1432.

MEDINA C, GOMEZ-ENRI J, ALONSO J J, et al, 2010. Water volume variations in Lake Izabal (Guatemala) from in situ measurements and ENVISAT Radar Altimeter(RA-2) and Advanced Synthetic Aperture Radar (ASAR) data products [J]. Journal of Hydrology, 382(1-4): 34-48.

MERCIER F, CAZENAVE A, MAHEU C, 2002. Interannual lake level fluctuations(1993—1999) in Africa from Topex/Poseidon: Connections with ocean-atmosphere interactions over the Indian Ocean [J]. Global and Planetary Change, 32(2-3): 141-163.

MONTGOMERY J S, HOPKINSON C, BRISCO B, et al, 2018. Wetland hydroperiod classification in the western prairies using multitemporal synthetic aperture radar [J]. Hydrological Processes, 32(10): 1476-1490.

MOUGIN E, PROISY C, MARTY G, et al, 1999. Multifrequency and multipolarization radar backscattering from mangrove forests [J]. Ieee Transactions on Geoscience and Remote Sensing, 37(1): 94-102.

MUELLER N, LEWIS A, ROBERTS D, et al, 2016. Water observations from space: Mapping surface water from 25 years of landsat imagery across Australia [J]. Remote Sensing of Environment, 174: 341-352.

MUSA Z N, POPESCU I, MYNETT A, 2015. A review of applications of satellite SAR, optical, altimetry and DEM data for surface water modelling, mapping and parameter estimation[J]. Hydrology and Earth System Sciences, 19(9): 3755-3769.

NOBRE A D, CUARTAS L A, HODNETT M, et al, 2011. Height above the nearest drainage-A hydrologically relevant new terrain model [J]. Journal of Hydrology, 404(1-2): 13-29.

ORMSBY J P, BLANCHARD B J, BLANCHARD A J, 1985. Detection of lowland flooding using active microwave systems [J]. Photogrammetric Engineering and Remote Sensing, 51: 317-328.

OTSU N, 1979. A Threshold selection method from gray-level histograms [J]. IEEE Transactions on Systems, Man, and Cybernetics, 9(1): 62-66.

OUMA Y O, TATEISHI R, 2006. A water index for rapid mapping of shoreline changes of five East African Rift Valley lakes: An empirical analysis using landsat TM and ETM+data [J]. International Journal of Remote Sensing, 27 (15): 3153-3181.

OZESMI S L, BAUER M E, 2002. Satellite remote sensing of wetlands [J]. Wetlands Ecology and Management, 10(5): 381-402.

PAPA F, PRIGENT C, AIRES F, et al, 2010. Interannual variability of surface water extent at the global scale, 1993—2004 [J]. Geophys. Res. Atmos., 115:1 - 17.

PAPA F, PRIGENT C, ROSSOW W B, 2008. Monitoring flood and discharge variations in the large Siberian Rivers from a multi-satellite technique [J]. Surveys in Geophysics, 29(4 - 5): 297 - 317.

PARIS A, DIAS D P R, SANTOS D S J, et al, 2016. Stage-discharge rating curves based on satellite altimetry and modeled discharge in the Amazon basin [J]. Water Resour. Res., 52: 3787 - 3814.

PARMUCHI M G, KARSZENBAUM H, KANDUS P, 2002. Mapping wetlands using multi-temporal RADARSAT-1 data and a decision-based classifier [J]. Canadian Journal of Remote Sensing, 28(2): 175 - 186.

PAVELSKY T M, SMITH L C, 2008a. Remote sensing of hydrologic recharge in the Peace-Athabasca Delta, Canada [J]. Geophysical Research Letters, 35 (8):L08403 - 1 - L08403 - 5.

PAVELSKY T M, SMITH L C, 2008b. Rivwidth: A software tool for the calculation of river widths from remotely sensed imagery [J]. Ieee Geoscience and Remote Sensing Letters, 5(1): 70 - 73.

PEKEL J F, COTTAM A, GORELICK N, et al, 2016. High-resolution mapping of global surface water and its long-term changes [J]. Nature, 540 (7633): 418.

PETERS D L, PROWSE T D, MARSH P, et al, 2006. Persistence of water within perched basins of the Peace-Athabasca Delta, Northern Canada [J]. Wetlands Ecology and Management, 14(3): 221 - 243.

PITCHER L H, PAVELSKY T M, SMITH L C, et al, 2019. AirSWOT InSAR mapping of surface water elevations and hydraulic gradients across the Yukon Flats Basin, Alaska [J]. Water Resources Research, 55(2): 937 - 953.

PLANK S, JÜSSI M, MARTINIS S, et al, 2017. Mapping of flooded vegetation by means of polarimetric sentinel-1 and ALOS-2/PALSAR-2 imagery [J]. International Journal of Remote Sensing, 38(13): 3831 - 3850.

PLUMB E,2015. River ice and flood detection products derived from Suomi NPP VIIRS satellite data to support hydrologic forecast operations in Alaska[Z]. San Francisco:2015 AGU Fall Meeting.

PONTIUS JR R G, MILLONES M, 2011. Death to Kappa: Birth of quantity disagreement and allocation disagreement for accuracy assessment [J].

International Journal of Remote Sensing, 32(15): 4407 - 4429.

POPE K O, REJMANKOVA E, PARIS J F, et al, 1997. Detecting seasonal flooding cycles in marshes of the Yucatan Peninsula with SIR-C polarimetric radar imagery [J]. Remote Sensing of Environment, 59(2): 157 - 166.

PRIGENT C, PAPA F, AIRES F, et al, 2007. Global inundation dynamics inferred from multiple satellite observations, 1993—2000 [J]. Journal of Geophysical Research-Atmospheres, 112(D12): 1103 - 1118.

PULVIRENTI L, PIERDICCA N, CHINI M, et al, 2013. Monitoring flood evolution in vegetated areas using cosmo-skymed data: The tuscany 2009 case study [J]. IEEE Journal of Selected Topics in Applied Earth Observations and Remote Sensing, 6(4): 1807 - 1816.

RABUS B, EINEDER M, ROTH A, et al, 2003. The shuttle radar topography mission - A new class of digital elevation models acquired by spaceborne radar [J]. Isprs Journal of Photogrammetry and Remote Sensing, 57(4): 241 - 262.

RANGO A, SALOMONSON V V, 1974. Regional flood mapping from space [J]. Water Resources Research, 10(3): 473 - 484.

REFICE A, CAPOLONGO D, LEPERA A, et al, 2013. SAR and InSAR for flood monitoring: Examples with COSMO/SkyMed data [C]. 2013 IEEE International Geoscience and Remote Sensing Symposium-IGARSS.

RENNÓ C D, NOBRE A D, CUARTAS L A, et al, 2008. HAND, a new terrain descriptor using SRTM-DEM: Mapping terra-firme rainforest environments in Amazonia [J]. Remote Sensing of Environment, 112(9): 3469 - 3481.

SAF B, 2009. Regional flood frequency analysis using L moments for the Buyuk and Kucuk Menderes River Basons of Turkey [J]. Journal of Hydrologic Engineering, 14(8): 783 - 794.

SANYAL J, LU X X, 2004. Application of remote sensing in flood management with special reference to monsoon Asia: A review [J]. Natural Hazards, 33 (2): 283 - 301.

SCHUMANN G J P, MOLLER D K, 2015. Microwave remote sensing of flood inundation [J]. Physics and Chemistry of the Earth, Parts A/B/C, 83 - 84: 84 - 95.

SCHUMANN G, MATGEN P, HOFFMANN L, et al, 2007. Deriving distributed roughness values from satellite radar data for flood inundation modelling [J]. Journal of Hydrology, 344(1 - 2): 96 - 111.

SECKIN N, HAKTANIR T, YURTAL R, 2011. Flood frequency analysis of

Turkey using L-moments method [J]. Hydrological Processes, 25(22): 3499 - 3505.

SHEN X, ANAGNOSTOU E N, ALLEN G H, et al, 2019. Near-real-time non-obstructed flood inundation mapping using synthetic aperture radar [J]. Remote Sensing of Environment, 221: 302 - 315.

SHI P, CHEN X, QU S M, et al, 2010. Regional frequency analysis of low flow based on L moments: Case study in Karst Area, Southwest China [J]. Journal of Hydrologic Engineering, 15(5): 370 - 377.

SHI Z, HUANG C, 2018. Evaluation of discharge sstimation using global flood detection system [C]. IEEE.

SICHANGI A W, WANG L, YANG K, et al, 2016. Estimating continental river basin discharges using multiple remote sensing data sets [J]. Remote Sensing of Environment, 179(Supplement C): 36 - 53.

SICHANGI A, WANG L, HU Z, 2018. Estimation of river discharge solely from remote-sensing derived data: An initial study over the Yangtze River [J]. Remote Sensing, 10(9): 1385.

SIVANPILLAI R, MILLER S N, 2010. Improvements in mapping water bodies using ASTER data [J]. Ecological Informatics, 5(1): 73 - 78.

SMITH L C, ISACKS B L, FORSTER R R, et al, 1995. Estimation of discharge from braided glacial rivers using ERS 1 synthetic aperture radar: First results [J]. Water Resources Research, 31(5): 1325 - 1329.

SMITH L C, PAVELSKY T M, 2010. Remote sensing of volumetric storage changes in lakes [J]. Earth Surface Processes & Landforms, 34(10): 1353 - 1358.

STROZZI T, WEGMULLER U, WIESMANN A, et al, 2003. Validation of the X-SAR SRTM DEM for ERS and JERS SAR geocoding and 2 - pass differential interferometry in alpine regions [C]. IEEE International Geoscience and Remote Sensing Symposium. Proceedings.

SUN G, RANSON K J, KHARUK V I, et al, 2003. Validation of surface height from shuttle radar topography mission using shuttle laser altimeter [J]. Remote Sensing of Environment, 88(4): 401 - 411.

TANGEN B A, BANSAL S, 2019. Hydrologic lag effects on wetland greenhouse gas fluxes [J]. Atmosphere, 10(5): 269.

TARPANELLI A, BROCCA L, LACAVA T, et al, 2013. Toward the estimation of river discharge variations using MODIS data in ungauged basins

[J]. Remote Sensing of Environment, 136(0): 47-55.

TIMONEY K, 2008. Rates of vegetation change in the Peace-Athabasca Delta [J]. Wetlands, 28: 513-520.

TORRES R, SNOEIJ P, GEUDTNER D, et al, 2012. GMES Sentinel-1 mission[J]. Remote Sensing of Environment, 120: 9-24.

TOURIAN M, SCHWATKE C, SNEEUW N, 2017. River discharge estimation at daily resolution from satellite altimetry over an entire river basin [J]. J. Hydrol., 546: 230-247.

TOWNSEND P A, 2001. Mapping seasonal flooding in forested wetlands using multi-temporal Radarsat SAR [J]. Photogrammetric Engineering and Remote Sensing, 67(7): 857-864.

TOYRA J, PIETRONIRO A, MARTZ L W, 2001. Summer flood mapping in a northern wetland using a combination of radarsat and SPOT imagery [J]. Remote Sensing and Hydrology, 267: 536-538.

TSYGANSKAYA V, MARTINIS S, MARZAHN P, et al, 2018a. Detection of temporary flooded vegetation using Sentinel-1 time series data [J]. Remote Sensing, 10(8): 1286.

TSYGANSKAYA V, MARTINIS S, MARZAHN P, et al, 2018b. SAR-based detection of flooded vegetation-A review of characteristics and approaches [J]. International Journal of Remote Sensing, 39(8): 2255-2293.

TSYGANSKAYA V, MARTINIS S, MARZAHN P, 2019. Flood monitoring in vegetated areas using multi-temporal sentinel-1 data: Impact of time series features [J]. Water, 11(9): 1938.

TULBURE M G, BROICH M, STEHMAN S V, et al, 2016. Surface water extent dynamics from three decades of seasonally continuous landsat time series at subcontinental scale in a semi-arid region [J]. Remote Sensing of Environment, 178: 142-157.

TUOZZOLO S L G, OVERSTREET B, 2019. Estimating river discharge with swath altimetry: A proof of concept using AirSWOT observations [J]. Geophysical Research Letters, 46(3): 1459-1466.

TWELE A, CAO W, PLANK S, et al, 2016. Sentinel-1 based flood mapping: A fully automated processing chain [J]. International Journal of Remote Sensing, 37(13): 2990-3004.

VILLADSEN H, ANDERSEN O B, STENSENG L, et al, 2015. CryoSat-2 altimetry for river level monitoring-Evaluation in the Ganges-Brahmaputra

River basin[J]. Remote Sensing of Environment, 168: 80 - 89.

VOORMANSIK K, PRAKS J, ANTROPOV O, et al, 2014. Flood mapping with TerraSAR-X in forested regions in Estonia [J]. Ieee Journal of Selected Topics in Applied Earth Observations and Remote Sensing, 7(2): 562 - 577.

VÖRÖSMARTY C J, GREEN P, SALISBURY J, et al, 2000. Global water resources: Vulnerability from climate change and population growth [J]. Science, 289(5477): 284 - 288.

VÖRÖSMARTY C J, MCINTYRE P B, GESSNER M O, et al, 2010. Global threats to human water security and river biodiversity [J]. Nature, 467 (7315): 555 - 561.

WANG Y, COLBY J D, MULCAHY K A, 2002. An efficient method for mapping flood extent in a coastal floodplain using landsat TM and DEM data [J]. International Journal of Remote Sensing, 23(18): 3681 - 3696.

WANG Y, 2004. Using landsat 7 TM data acquired days after a flood event to delineate the maximum flood extent on a coastal floodplain [J]. International Journal of Remote Sensing, 25(5): 959 - 974.

WARD N D, KEIL R G, MEDEIROS P M, et al, 2013. Degradation of terrestrially derived macromolecules in the Amazon River [J]. Nature Geoscience, 6(7): 530 - 533.

WATTS J D, KIMBALL J S, JONES L A, et al, 2012. Satellite microwave remote sensing of contrasting surface water inundation changes with in the Arctic-Boreal Region[J]. Remote Sensing of Environment, 127: 223 - 236.

WESTERHOFF R S, KLEUSKENS M P H, WINSEMIUS H C, et al, 2013. Automated global water mapping based on wide-swath orbital synthetic-aperture radar [J]. Hydrology and Earth System Sciences, 17(2): 651 - 663.

WHITCOMB J, MOGHADDAM M, MCDONALD K, et al, 2009. Mapping vegetated wetlands of Alaska using L-band radar satellite imagery [J]. Canadian Journal of Remote Sensing, 35(1): 54 - 72.

XIAO X, BOLES S, FROLKING S, et al, 2002. Observation of flooding and rice transplanting of paddy rice fields at the site to landscape scales in China using vegetation sensor data [J]. International Journal of Remote Sensing, 23 (15): 3009 - 3022.

SHEN X Y, WANG D, MAO K B, et al, 2019. Inundation extent mapping by synthetic aperture radar: A review [J]. Remote Sensing, 11: 879.

XU H, 2006. Modification of normalised difference water index (NDWI) to enhance open water features in remotely sensed imagery[J]. International Journal of Remote Sensing, 27(14): 3025-3033.

YAMAZAKI D, O'LOUGHLIN F, TRIGG M A, et al, 2014. Development of the global width database for large rivers [J]. Water Resources Research, 50(4): 3467-3480.

YAMAZAKI D, TRIGG M A, IKESHIMA D, 2015. Development of a global 90 m water body map using multi-temporal landsat images [J]. Remote Sensing of Environment, 171: 337-351.

YANG K, LI M, LIU Y, et al, 2014. River delineation from remotely sensed imagery using a multi-scale classification approach [J]. IEEE Journal of Selected Topics in Applied Earth Observations and Remote Sensing, 7(12): 4726-4737.

YOON Y, GARAMBOIS P A, PAIVA R C D, et al, 2016. Improved error estimates of a discharge algorithm for remotely sensed river measurements: Test cases on Sacramento and Garonne Rivers[J]. Water Resources Research, 52(1): 278-294.

ZHANG G, XIE H, KANG S, et al, 2011. Monitoring lake level changes on the Tibetan Plateau using ICESat altimetry data (2003—2009) [J]. Remote Sensing of Environment, 115(7): 1733-1742.

ZHANG G, YAO T, SHUM C, et al, 2017. Lake volume and groundwater storage variations in Tibetan Plateau's endorheic basin [J]. Geophysical Research Letters, 44(11): 5550-5560.

ZHAO L, YANG J, LI P, et al, 2014. Seasonal inundation monitoring and vegetation pattern mapping of the Erguna floodplain by means of a RADARSAT-2 fully polarimetric time series [J]. Remote Sensing of Environment, 152: 426-440.

ZHU Z, WANG S, WOODCOCK C E, 2015. Improvement and expansion of the Fmask algorithm: Cloud, cloud shadow, and snow detection for landsats 4-7, 8, and sentinel 2 images [J]. Remote Sensing of Environment, 159: 269-277.

ZHU Z, WOODCOCK C E, 2012. Object-based cloud and cloud shadow detection in landsat imagery [J]. Remote Sensing of Environment, 118: 83-94.

ZHU Z, WULDER M A, ROY D P, et al, 2019. Benefits of the free and open landsat data policy [J]. Remote Sensing of Environment, 224: 382-385.

第7章　洪水淹没连通性及水深分析与建模

洪水淹没的水深特征是评价洪水对相关淹没区域造成影响的重要指标。在评估洪灾造成的损失时，淹没水深是一个重要参数。水深越深，洪灾造成损失的可能性就越大，造成的损失也越严重。淹没水深也是影响湿地植物种群生存状况的重要指标。水深越深，被淹没的植被越多，植被在水下接收到的太阳光的质量和数量就越低。当然，不同的植物种类，耐受水淹的深度也各不相同，故水深对不同植物的影响力也各不相同。

洪水淹没的连通性表示河漫滩区域与河道在洪水时期是否被洪水连接起来，一般用它们之间刚建立连接时河道的水位或流量来表示连通性的强弱，常用开始注水高度/流量(commence-to-fill stage/flow rate, CTF)来定义连通性。连通性对于河漫滩湿地的意义重大，CTF 小的湿地与河道的关联更频繁，而且一般淹没的持续时间更长(Frazier et al., 2003)。

河漫滩湿地在河流系统中扮演着重要的角色，其作用不仅仅体现在生态意义上，还体现在水文意义上。河漫滩湿地是有机质的源头和储存地(Tockner et al., 1999)，也是维持生物多样性的重要场所。河漫滩湿地的储水功能能够有效地对洪峰流量进行缓冲，从而降低下游的洪水水量。河道流量和河漫滩湿地的淹没之间的关系决定了湿地水文和生态功能的特性(Clausen et al., 1997)，湿地在这两个方面的重要性主要由河道水流和湿地在河漫滩上的地貌条件的相互作用决定。

湿地连通性的变化对于湿地的健康以及水生生物在洪水期及洪水期之后的迁移和繁殖模式具有重要的影响。例如，Pearson 等(2010)研究了鱼类在 Tully-Murray 河漫滩湿地的聚集活动，他们认为，水文连通性是导致鱼类在不同湿地之间繁殖状况差异的主要因素。Leigh 等(2009)也进行了类似的研究，他们发现在一个热带地区的河漫滩，水文连通性的变化是导致大型无脊椎生物集聚的主要影响因素。水文连通性也可以辅助解释湿地生境质量和单个湿地生物多样性的变化过程。

Gigney 等(2006)调查了 Murray 河主河道和 Barmah-Millewa 森林在一次河漫滩洪水实验中的物质交换，研究发现有大量的物质在河漫滩和主河道之间进行转移。洪水水流流入新的淹没区域确实会导致Murray河中氮、磷和可溶性有机碳的浓度升高,同时,河中的悬浮固体和颗粒性有机碳的含量则随着水流冲散到河漫滩各处。学者们普遍认为,可溶性营养物质和有机碳含量的增加会刺激生态系统的生产率,使其在洪水淹没刚开始阶段的短暂下降之后急剧上升。这些发现也被其他研究所证实,比如对Danube河的研究(Tockner et al., 1999)和对亚马孙流域Solimoes河的研究(Bayley, 1989)。不过,河流与河漫滩之间的横向物质交换也存在较大的时空变化,对洪水淹没连通性的研究可以帮助人们有效地把握这种时空变化的规律。

目前已经有一些方法用于研究湿地的CTF,比如说实地调查的方法(Thorton et al., 1994)。不过,这种方法对于那些绵延数百公里,并且水文和地貌条件复杂的河段并不适用,因为这工作量巨大,而且要找到湿地和对应河道的连接通道非常困难。

也有不少研究者提出基于DEM的洪水淹没分析与建模方法(丁雨淋 等,2013; 郭利华 等, 2002),这些方法与水文水动力模型的原理类似,或者基于水量平衡原理,或者基于水的流体力学特征对洪水淹没进行模拟,得到洪水的水深、连通性等。它们能够较好地实现对小范围洪水淹没的演进,不过,在现实中,很多地方都会有一些防洪堤和坝,这些设施很难表现在DEM数据上,从而为模型模拟带来很大的困难,尤其是当这些设施存在缺口时,要单纯使用DEM数据准确地模拟洪水的动态非常困难。DEM上存在的某些局部的错误信息,对建模结果的影响可能是巨大的和全局的。此外,这种单纯基于DEM的物理建模方式也无法考虑那些不可见的现象(比如地下含水层)对地表水动态的影响。

研究洪水淹没连通性的另一个方法就是使用遥感观测,因为遥感影像可以同时覆盖大范围的地表状况。如果淹没范围能够准确地从遥感图像上判读出来,那么即使是很长的河段,其水文状况也可以立刻一次性地从图像上反映出来。如果采用了一系列不同水文条件下的遥感影像,则可以建立河道水流量和河漫滩及其湿地淹没范围之间的联系。

光学遥感和微波遥感都可以并且已经被用来区分湿地的淹没范围,在此基础之上,一些研究尝试用多时相的遥感数据来建立河道水位或水流量与河漫滩及其湿地淹没范围的经验关系模型(Smith, 1997)。Kruus 等(1979)使用了7张Landsat MSS的影像来建立影像上的淹没范围与加拿大的Saint John河下游的水位之间的相关关系。这些影像获取于1973年到1978年之间,它们被目视解译用来计算对应影像获取时刻的淹没区面积。和预期的一样,淹没范围随河道水位的上升而呈总体的增加趋势,不过,仍存在一些不一致的地方,个别在低水位获取的影像,显示的淹没面积反而比在高水位时期获取的影像的淹没面积大。类似地,Usachev (1985)使用了一系列俄罗斯Ob河的航空图片和气象卫星影像,也建立了淹没范围和河道水位的正相关关系模型。

Smith 等(1996)获取了 41 景可用的 ERS - 1 SAR 影像,它们覆盖了 Alaska 和 British Columbia 的三条具有分叉河段和弯曲河段的河流。他们认为,河道流量和淹没范围之间的相关关系在高度分叉型的河段会比在弯曲的河段具有更高的一致性。由于这些河流的水流变化比较小,因此他们将分叉河段的淹没直接与下游弯曲河段的水文站数据进行关联,而没有考虑洪水演进。他们将淹没面积与河段长度的比值定义为有效河宽,发现流量和有效河宽之间的关系在所有研究区的河段都可以用一个线性方程来拟合。

上述研究尝试将河漫滩淹没同特定的河道水位或流量关联起来,建立一定的关系模型。不过,这些经验的关系模型只是简单的样本拟合,不同地区建立的模型参数可能完全不同,通用性较差,而且,基于这种关系模型,对洪水淹没的插值一般都是采用空间上的线性增长或变形,没有明确的物理意义(Smith, 1997)。本章尝试在建立河道水流与河漫滩湿地淹没范围的经验关系模型时引入 DEM 数据,假设水面的高程符合一定的空间连续态势,并且水面的高程与水文站观测的流量密切相关,高的流量必然导致高的水面高程,两个独立的具有同样大小的洪峰流量的洪水过程所造成的淹没模式相同。基于这样的假设,本章建立水文站观测流量与下游河段的淹没之间的关系模型,从而预测不同观测流量条件下洪水淹没的连通性及水深情况。

7.1　试验区和数据

本章的研究对象是一段河段,同时需要有一个水文站能够记录该河段的水流。如果把要研究的河段及河漫滩范围称为试验区,则试验区的范围由以下因素决定:

(1)河漫滩的边界;

(2)水文站的位置;

(3)河道设施(堤坝等)的位置;

(4)由于支流的汇入,水流流量显著改变的位置;

(5)卫星影像的覆盖范围。

本章选取了 Murrumbidgee 河下游即将与 Murray 河交汇的一个河段,该河段是澳大利亚墨累-达令盆地(Murray-Darling Basin, MDB)内的一个典型河段,发生在该河段的洪水主要来自上游来水。此处河漫滩的边界可以清晰地从 DEM 数据中判断出来,选用的水文站编号为 410130,归新南威尔士州(NSW)水环境办公室管辖,水文站的流量数据记录从 1979 年开始。本章的试验区及水文站位置如图 7 - 1 所示,试验区的面积为 230.68 km^2。

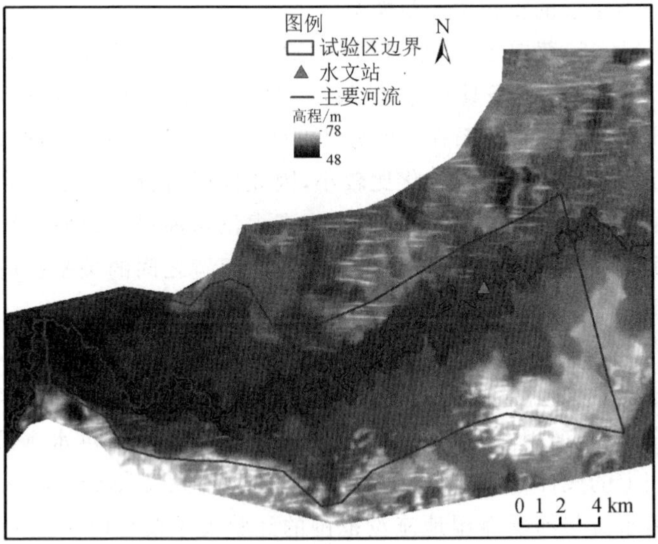

图 7-1 试验区及水文站位置图

水文站获取的时间序列的流量数据可以辅助选取用以探测淹没范围的遥感影像。MODIS 数据的时间分辨率虽然很高,可用的影像很多,但考虑到其较低的空间分辨率,它并不适用于小尺度范围对精度要求较高的洪水淹没水深及连通性分析与建模,所以本章选用另一种比较容易获取的遥感数据——Landsat 影像。

Landsat 陆地卫星系列遥感影像数据覆盖范围为北纬 83°到南纬 83°之间的所有陆地区域,数据更新周期为 16 天,空间分辨率为 30 m。Landsat 在波段的设计上,充分考虑了水、植物、土壤、岩石等不同地物在波段反射率敏感度上的差异,从而有效地扩充了遥感影像数据的应用范围。

Landsat 具有很长历史记录的数据,这使得它非常适合洪水研究,尤其是对历史洪水的研究。例如,Green 等(1983)使用 Landsat-1 MSS 影像确定了澳大利亚 Darling 河及其河漫滩 1974 年的洪水范围,这张影像获取于洪水峰值发生的四天后。

除了以上数据之外,高质量的数字地形数据也是必不可少的。本章采用激光探测与测距(lightlaser detection and ranging, LiDAR)的 DEM 数据产品作为地形数据。LiDAR 是可以产生高精度和密集高程点数据的激光制图技术。LiDAR 系统一般使用装载在飞机或直升机平台上的激光扫描仪获取高程数据,扫描仪向地球表面发射脉冲,被地表物体反射后回到平台。若知道激光脉冲的往返时间和光速,激光扫描仪和地物之间的距离就可以计算出来。根据平台上搭载的全球定位系统辅助惯性制导(GPS/INS)技术,可以计算扫描仪的瞬时位置和方位。结合扫描角度和 GPS 基站等信息，地面物体的三维位置就可以在 GPS 的坐标系统下计算出来，垂直方向的精度可达 5～25 cm。从一般的飞行速度、高度和激光扫描仪性能来看，至少每 0.25～5 m 就能够获取一个地面高程点数据。

LiDAR 技术提供了高精度的高程数据，因此被广泛应用在对地形要求较高的研究中，比如河漫滩的洪水研究。本章使用的 LiDAR DEM 数据由 NSW 环境和资产办公室提供，他们对 Murray 河进行了全面的 LiDAR 调查，以获取 Murray 河河漫滩区域高精度的地形数据。这些 DEM 数据具有 1～10 m 的分辨率，水平方向的误差在 1 m 以内，垂直方向的均方根误差在 0.25 m 以内。不过，值得注意的是，LiDAR 地形数据的误差在密集的植被区域以及坡度较大区域会有所增加，在河道和河漫滩边界处误差的增大尤为明显。

7.2 建模方法

由于获取的 Landsat 遥感影像只能够提供一系列离散的洪水事件的淹没情况，因此有必要考虑那些流量大小介于这些洪水事件之间且通过现有的遥感影像无法获取的洪水事件的淹没情况，以达到对流量上的相对连续的预测。为此，需要对离散洪水事件的流量间隔进行插值，以得到精细化流量间隔对应的洪水淹没状况。

本章进行河漫滩洪水淹没连通性及水深建模的方法流程见图 7－2，它主要包括五个具体步骤，分别是 Landsat 遥感影像分析、淹没范围探测、水位（水面高程）估测、水位内插以及水深和淹没范围反演。

1. Landsat 遥感影像分析

Landsat 卫星系列自 20 世纪 60 年代后期开始，就持续地为我们提供陆地遥感数据，时间跨度长达 50 多年。其中，以 Landsat 5 号和 7 号卫星提供的影像质量最为稳定（Landsat 8 号卫星发射时间较短，目前可用影像非常有限），它们以约 16 天为周期，对地球进行着循环往复的观测，因此，对于某一特定区域，历史 Landsat 数据非常多，需要从中选取适合本章研究的一定数量的影像。这里，选取影像的准则主要有：

（1）影像的日期处于水文曲线的上升段；

（2）之前 6 个月不应该有更大的洪峰（因为这可能导致产生一些遗留的水体）；

（3）尽量少的云或者云阴影覆盖研究区域。

基于以上准则，本章对该试验区选取了 5 景 Landsat 影像，其对应的日期见图 7－3（图中方块）及表 7－1，且表中的流量数据已取整，表格所列影像按照流量由小到大的顺序排列。选取的影像代表了被可用遥感影像捕捉到的最大的洪水过程。

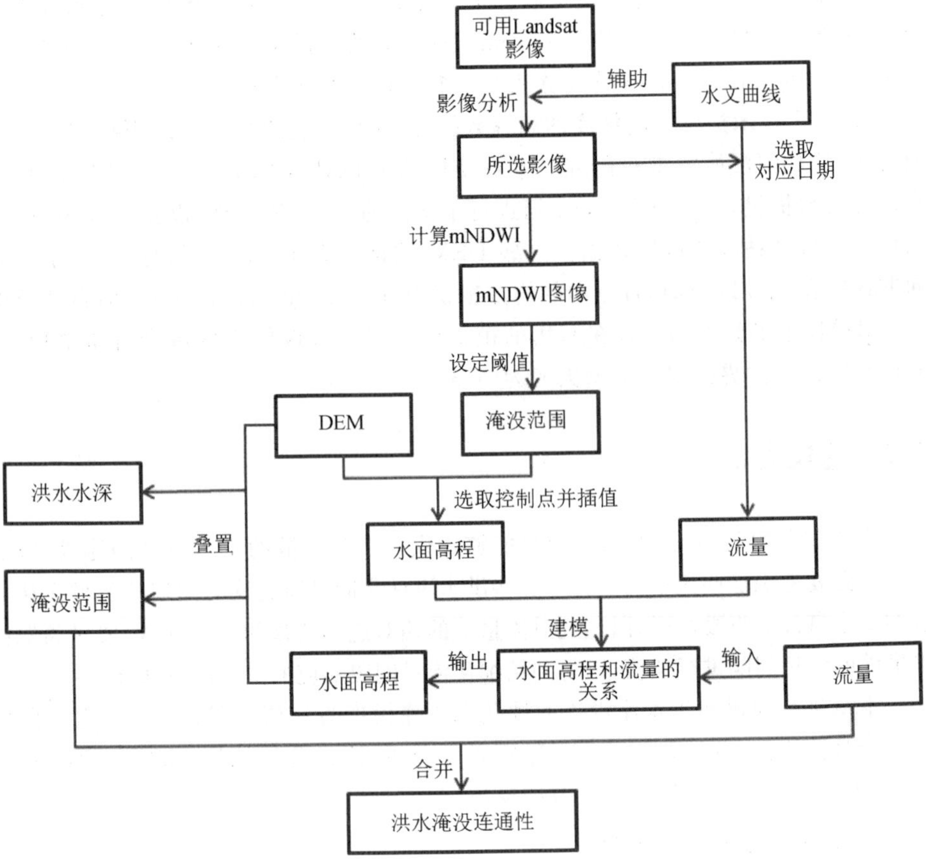

图 7-2　洪水淹没连通性及水深建模方法

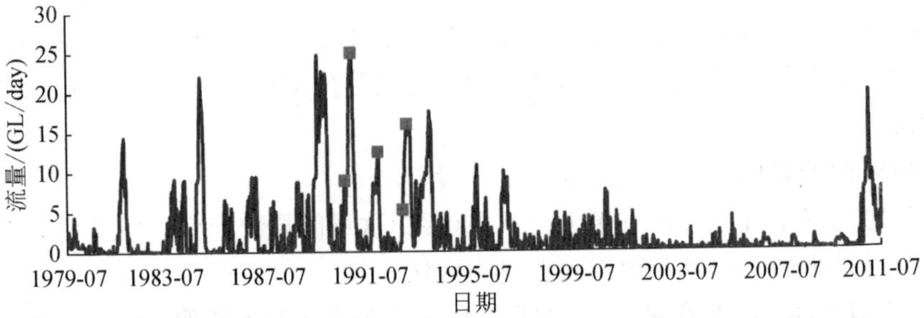

图 7-3　水文站的水文曲线

表7-1　所选遥感影像及其对应的水文站观测流量

日期	流量/(GL/day)	卫星	行列号(path/row)
1992-09-27	5	Landsat 5	94/84
1990-06-18	8	Landsat 5	94/84
1991-10-11	12	Landsat 5	94/84
1992-11-30	17	Landsat 5	94/84
1990-09-22	26	Landsat 5	94/84

2. 淹没范围探测

Landsat的光谱范围与MODIS类似，所以用Landsat探测洪水淹没范围的方法与用MODIS的探测方法是通用的，主要包括密度分割、图像分类和指数法等。考虑到研究对本实验区采用的Landsat影像数量非常有限，用到的只有5景影像，因此并不需要采用自动提取水体方法。为了保证更高的提取精度，本章采用在Landsat影像上使用非常广泛、精确度较高的mNDWI指数(Xu，2006)来区分水体。

我们通过人为优化调整确定最优阈值，得到这5个日期的洪水淹没范围。我们还需要对这5幅淹没范围图进行简单的处理，过滤掉那些孤立的像元(1个淹没像元被8个非淹没像元包围，或者1个非淹没像元被8个淹没像元包围)。5景影像所选用的阈值，对应实验区内的淹没面积见表7-2。

表7-2　所选遥感影像的分割阈值及淹没面积

影像日期	分割阈值	淹没面积/km^2	流量/(GL/day)	处理后的淹没面积/km^2
1992-09-27	−0.25	9.77	5	6.89
1990-06-18	−0.30	11.45	8	9.95
1991-10-11	−0.15	44.10	12	44.56
1992-11-30	−0.35	52.45	17	57.88
1990-09-22	−0.30	68.10	26	71.08

在使用这些影像进行建模之前，还有两方面的问题需要处理。一是云的干扰，在mNDWI图像上，云覆盖的像元具有较高的mNDWI值，这就使得它们经常被错误地识别为水体；二是遥感影像的时刻性，一幅遥感影像反映的只是影像获取时刻的淹没信息，它不能够完全代表一个洪水过程的淹没范围，加之它与水文站记录之间的时间差，使得有可能出现当水文站观察到较大的流量峰值时，从遥感影像上却只捕捉到较小的淹没范围。于是，就需要对这些淹没范围图进行一定的处理，使它们满足本章的假设，即高的流量对应相对较大的淹没范围。相应的处理工作主要

包括两部分:去云和合并。

通过目视判断,对于明显是由于云覆盖而错分为洪水淹没的局部区域,将该影像该区域的淹没范围替换为其下一级流量对应影像的淹没范围,如果该影像已经对应的是最低一级流量,则用其上一级流量对应影像的淹没范围进行替换。

对于去云处理后的5幅淹没图,按照其对应流量由低到高的顺序进行处理,最小流量的淹没范围不变,次小流量的淹没范围与最小流量的淹没范围合并,作为次小流量的淹没范围,以此类推。最终,得到的5幅淹没图按照流量由低到高的顺序,淹没范围由小变大,高流量对应的淹没范围完全包含相对较低流量的淹没范围。

经过去云和合并处理之后,这5个不同流量日期对应的遥感探测的洪水淹没面积见表7-2。

3. 水位(水面高程)估测

对于无源淹没,如果确定了淹没的范围,那么,结合DEM数据,就可以很容易地得到水边线的高程,从而得到各个地方的水位。不过,由于河水一般处于流动状态,故水面高程总体上呈现从上游到下游递减的趋势。此外,不论是Landsat影像探测到的淹没范围,还是LiDAR DEM数据,都存在一定的误差,因此,在利用这两个数据估测水位时,需要权衡各处的估计误差,以达到更好的整体估计。

本章采用选取控制点然后插值的方法来估测各个影像的淹没范围内各处的水面高程。假设在一个极小的区域内,水面高程是一致的,首先设定一个起始的水面高程值,然后经过不断的调整,选取一个合适的高程值,根据这个值与DEM的叠加得到的淹没范围与Landsat的淹没范围最接近,就把这个高程值作为该区域的水面高程值。最后在这个淹没范围的边界上适当地选取控制点,控制点的值就取该处的高程值。按照这个步骤,不断地选取控制点,直到控制点基本覆盖了整个试验区。

在用编程实现以上控制点选取的步骤时,就是首先把试验区划分成一个个小的区域(比如1.5 km×1.5 km),假设在这个方形区域内,水面高程是一致的。然后根据这个区域内的地面高程,设定一个初始的水面高程,将水面高程与地表高程进行比较,反演得到淹没范围,并将这个淹没范围与Landsat影像得到的淹没范围进行比较,计算两者之间的Kappa系数。此后,再对这个水面高程按照一定的步长(比如0.05 m或0.1 m)进行调整,同样,利用该水面高程反演淹没范围并与Landsat比较,计算其Kappa系数(如图7-4所示的示例)。最后,选取使得Kappa系数最大的水面高程值作为该区域的估测水面高程值。随后,选取该区域的中心点作为控制点,其值为估测的水面高程值。同理,使用同样的方法获得试验区划分出来的其他区域的控制点。

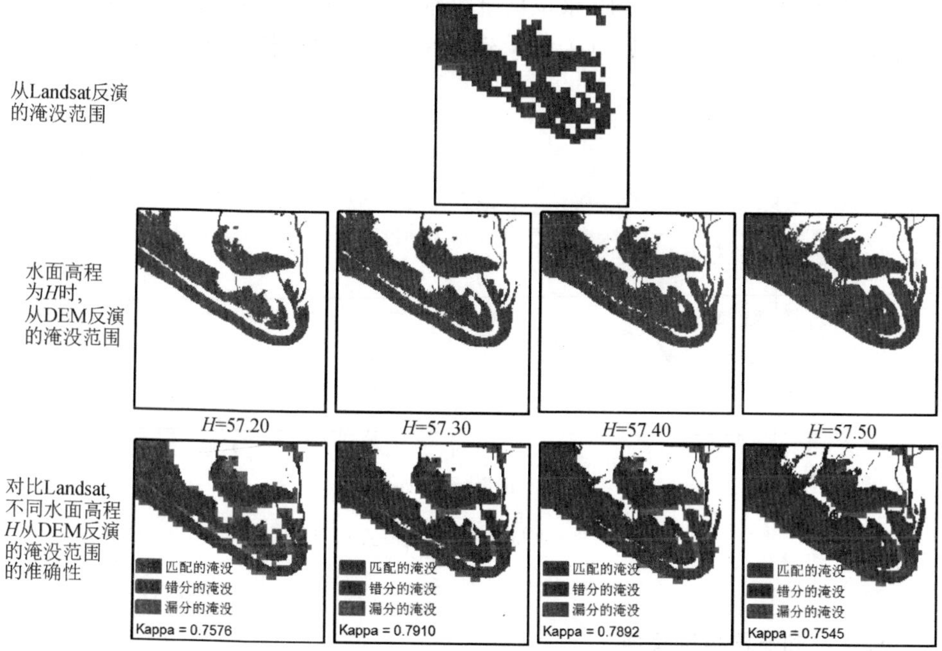

图 7－4　水位估测示意图

之后，需要根据这些控制点生成一个连续的高程表面，作为模拟的洪水表面。考虑到水体表面在空间上的连续性，而且水面高程总体上呈现从上游到下游递减的这样一个方向趋势，创建表面较好的方式是使用地统计的方法。有研究证明，Kriging 插值是利用独立的水位点内插成水位高程面的有效方法(陈鹏霄 等，2010)，它能够有效描述长距离河道的洪水空间分布，更好地拟合水位现状。

Kriging 插值是基于对样本数据的分析，以及对样本区地理特征的认识，选择合适的空间内插方法创建表面，利用的是已知样点的统计特征。Kriging 插值方法不仅能够量化采样点的空间自相关性，而且能够解释说明采样点在预测区域范围内的空间分布情况。

4. 水位内插

经过上一步的插值，已经得到了 5 幅不同流量下的水位分布图，它们的水位-流量关系模式如图 7－5 所示，这些流量是孤立的数值(类似图 7－5 中的点)。事实上，试验区内的任何地方(每个像元)都能得到类似的点，不过不同的地方水位变化的幅度不会完全一致。原本 5 个流量之间的间隔从 3 GL/day 到 9 GL/day 不等，本章旨在通过内插得到连续流量(流量间隔为 1 GL/day)下的水位分布图。假设相邻两个观测流量及其对应的水位呈线性关系，那么，水位与流量的关系曲线如

图 7-5 所示,随着流量的增加,水位呈递增趋势。对于试验区内的任何地点,都可以从这 5 个已知的水位估算 5 GL/day 到 26 GL/day 之间任意流量的水位。

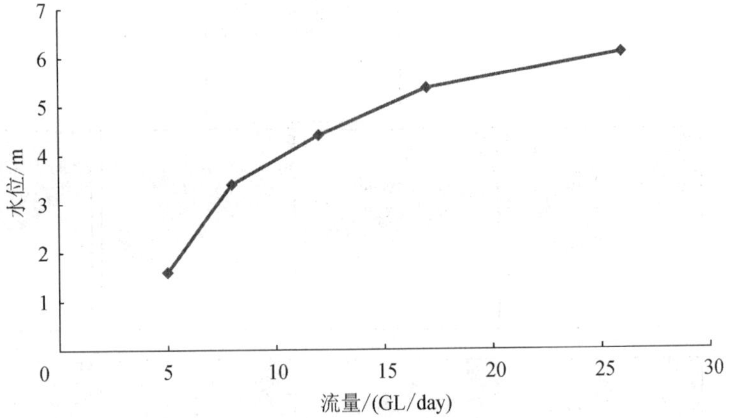

图 7-5　水位-流量关系模式示意图

5. 水深和淹没范围反演

对于内插得到的任一流量的洪水水位图,可以结合 DEM 数据反演出洪水的水深,因为水深实际上就是水位与地表高程的差值,而水深大于 0 的地方则认为是被洪水淹没的区域,即洪水淹没范围。由于淹没范围是随着流量的增加而变大的,因此可以把不同流量对应的洪水淹没范围合并成一个图像,图像的像元值记录该像元被淹没的最低流量,即开始注水流量(CTF)。

7.3　结果与讨论

7.3.1　结果

根据上文所述的方法,可以得到试验区的 CTF 图像(见图 7-6),每个像元值代表本像元开始淹没所需流经水文站的流量大小。通过该图像,就可以了解研究区域内的各个区域(包括湿地)与主河道的连通性如何,明确当主河道上的水文站观测到的流量多大时,湿地才能够接收来自主河道的洪水。

当水文站观测到某一大小的流量时,试验区各处的淹没深度也可以通过叠加该流量的淹没范围和 DEM 得到。图 7-7 显示的是当水文站流量为 26 GL/day 时,试验区的洪水水深分布,即从最小的水深接近 0 到最大水深超过 7.5 m。水深大的地方主要是主河道,然后向河漫滩逐渐扩散,水深渐小。

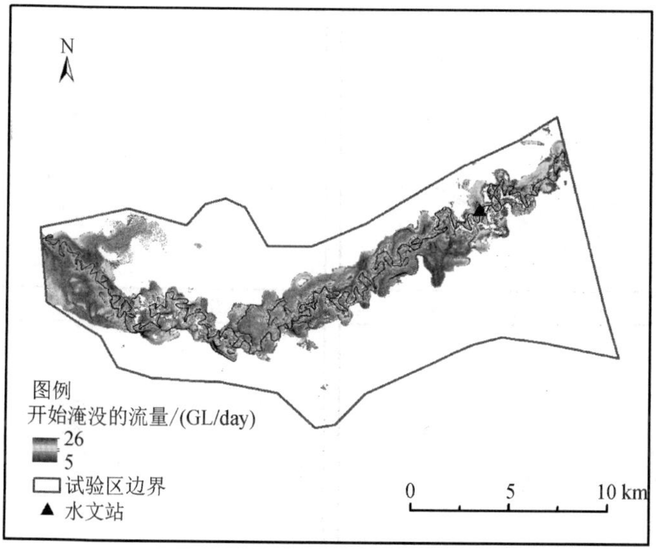

图 7-6　开始注水流量(CTF)分布图

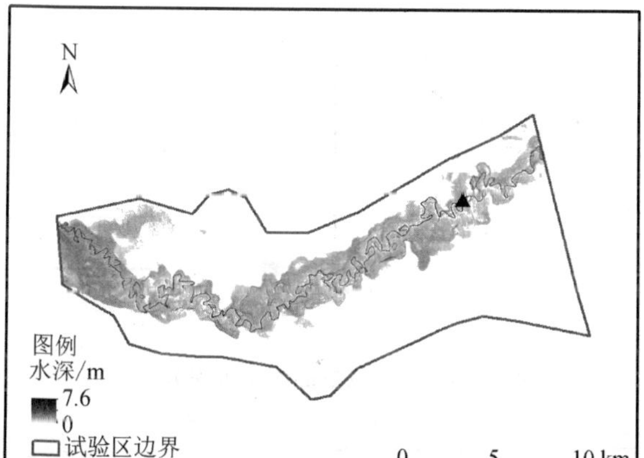

图 7-7　26 GL/day 的流量对应的淹没水深分布图

分别将流量为 5 GL/day、10 GL/day、15 GL/day、20 GL/day 和 26 GL/day 的水深图按照同一种分级方式显示，得到图 7-8。可以看到，随着上游水文站观测到的水流流量的增大，研究区域内淹没的范围也逐渐变大，且流量越大，淹没范围的增加越慢。同时，随着流量的增大，淹没的水深也是逐渐增大的。

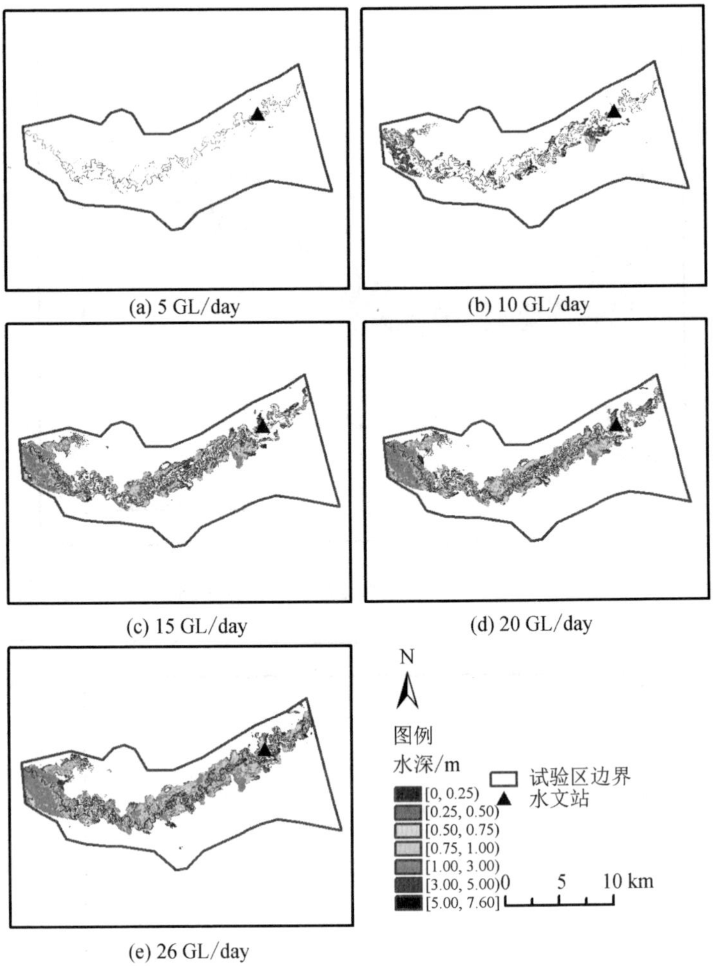

图 7-8 不同流量的淹没水深分布图

7.3.2 精度评价

由于缺乏实测的水深数据,在这里只能够从淹没范围的角度对建模的精度做一个简单的评价。在本章中用到了 5 景 Landsat 影像作为输入,它们分别对应一定大小的流量,因此,可以从模型中输出相应大小的流量所对应的淹没范围,与它们初始影像的淹没范围一一进行比较(见图 7-9)。

从图 7-9 可以看到,当水流量较小(5 GL/day,8 GL/day)时,建模的结果与遥感分类的结果相差较大,错分的淹没和漏分的淹没的区域比较明显。这主要是因为当水流量较小时,漫出河岸的水很少,淹没主要发生在河道内,这样的话,要通过

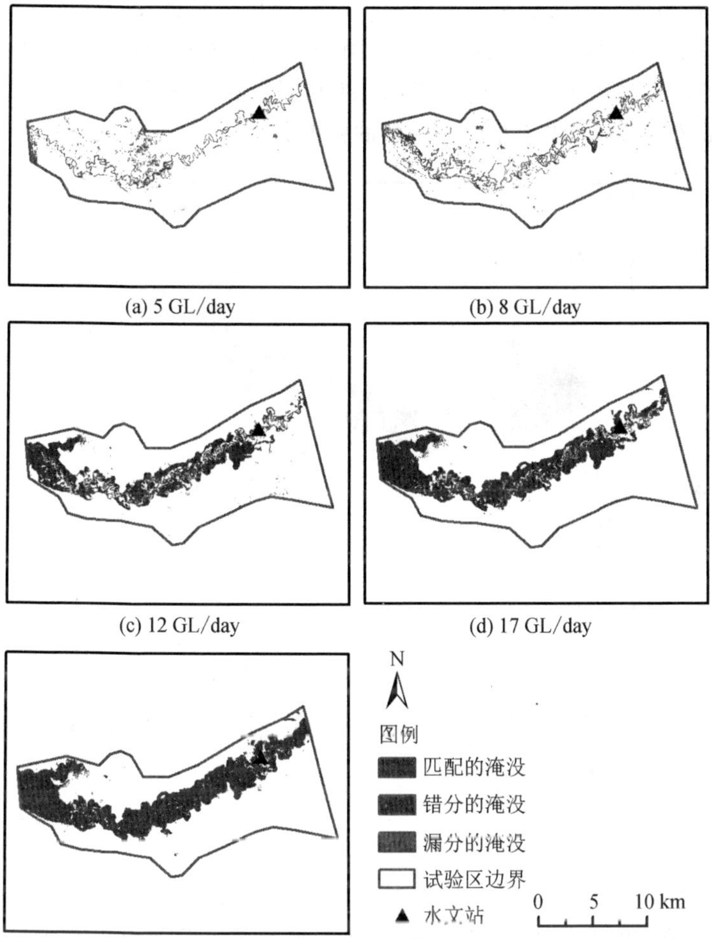

(e) 26 GL/day

图 7 - 9　模型输出结果与初始影像的淹没对比图

遥感图像的淹没范围和 DEM 估测水位就比较困难，估测的水位存在比较大的不确定性，因此，通过水位建模反演的淹没范围与初始的淹没范围之间的偏差就会比较明显。当水流量较大(大于 10 GL/day)时，评价图中以正确匹配的淹没像元为主。不过，其中还有几处比较明显的错分的淹没区域，其中一处位于水文站附近。通过检查 DEM 数据可以发现，这些错误主要是由于这些区域存在一些人工的堤坝设施，干扰了洪水水面的正常扩散。

除了与初始输入的遥感影像对比之外，本章还另外选取了一景获取于 1993 年 10 月 16 日的影像，当天对应水文站的观测流量约为 16 GL/day。将模型输出的 16 GL/day 的淹没范围图与该影像得到的淹没图叠加，得到评价图 7 - 10。可以看到,模型的输出结果中比较明显的问题依然是存在一些错分的淹没区域。对该图进行统计分析发现,如果以遥感探测的洪水淹没范围图作为地面参考的话,本模型输出结果的总体精度为 93.79%,错分误差和漏分误差分别为 4.13%和 2.08%,Kappa 系数为 0.83,即本模型具有较高的精度。

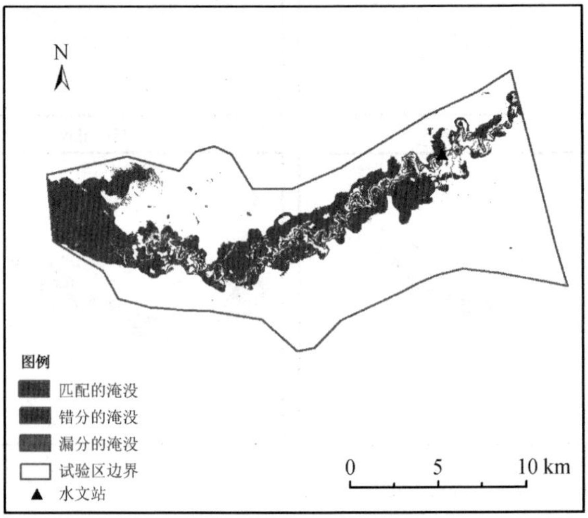

图 7-10　16 GL/day 流量对应的模型输出结果与遥感影像探测结果的对比图

7.3.3　讨论

从精度评价的结果来看,该建模方法可以获得较好的结果,而且,该建模方法简单,移植性强,可以适用于其他拥有水文站观测记录的河段。不过,它也具有一定的局限性。该方法的建立是基于一定的假设条件的,它假设水面高程与上游水文站观测的洪峰流量密切相关,大的洪峰流量必然产生高的水面高程,而且两个独立的相同流量的洪峰所导致的淹没模式相同。事实上,这个假设条件受几方面因素的影响:一是洪峰的形状。同样大小的洪峰,洪水过程的持续时间可能不同,水量也不一样,产生的淹没模式就可能不尽相同,有些快速的高洪峰所造成的淹没范围可能小于一些峰值略小但持续时间长的洪水所造成的淹没范围。二是水文地貌条件的改变。比如,地形的改变、新的水利设施的建立等,都会影响以上假设条件的成立。三是河漫滩的"记忆效应"(floodplain memory effect)(Frazier et al.,2003),即河漫滩的湿地和池塘等的储水功能,也会影响上游水文站观测流量与下游淹没之间的关系。

此外,受客观条件(影像可获取性、影像质量、流量峰值分布等)限制,本试验所采用的 Landsat 影像集中在 1990—1993 年,这在一定程度上影响了所建模型的可靠性。随着影像质量的提升和可用影像的增多,该建模方法的可靠性及准确性必然会显著提高。另一个影响模型准确性的重要因素是人为的地形要素,如人工堤坝、灌溉区域等。在建模时,如果能够将这些区域划分出来,区别对待,将会有效地提高模型输出结果的准确性。

7.4 小结

本章提出了一个基于历史遥感影像和水文站观测流量数据以及高精度 DEM 数据进行小尺度河漫滩洪水淹没的连通性及水深分析的建模方法。相较于传统的水文水动力建模方法,该方法成本低,可操作性强,适用范围广,对实测数据以及校验数据的要求也更低。此外,DEM 数据上的一些错误,反映在该建模方法的结果上,只会产生一些局部的影响,造成模型输出的错误也是小范围的。而如果采用水文水动力建模,DEM 数据上的一些错误则可能造成较大范围的影响。

本章所提出的研究方法突出了结合遥感影像和高精度 DEM 进行洪水淹没建模的优势。将遥感手段与 DEM 相结合的方法,相比于单纯使用 DEM 的方法,在可靠性上有了一定的提高。如果单纯使用 DEM 数据对洪水淹没进行模拟,很容易受那些无法观测到的现象(比如地下含水层、堤坝上的缺口等)的影响,而结合遥感手段之后,可以利用遥感数据为不同地区是否被水淹没提供现实证据。相比于单纯使用遥感技术的方法,将遥感手段与 DEM 相结合的方法在理论基础上有了一定的增强。如果单纯使用遥感数据对洪水淹没进行插值,一般是采用空间上的线性增长或变形技术,而结合遥感和 DEM 的方法对观测到的洪水淹没的插值是基于地形的,具有一定的物理和现实意义。

当然,这种遥感数据与 DEM 相结合的方法,也存在一定的缺陷。首先,这种方法不能够处理水利设施所导致的水情变动,而且在处理河漫滩自身的地形动态变化方面也比较困难;而在水文水动力模型中,处理这些情况则相对容易。其次,这种方法的精度对遥感影像的数量和覆盖范围依赖性较大。再次,这种方法假定两个独立的具有相同洪峰流量的洪水过程能够产生同样的淹没模式,事实上,淹没模式还和洪水演进的过程和河漫滩之前的蓄水有关。最后,该建模方法是一个静态的建模,并没有对洪水消退过程中的淹没情况进行预测。

尽管存在以上缺陷,但该建模方法依然能够为河道管理决策部门提供不同情境下河段下游洪水的空间分布信息。该模型的输出结果可以用以与植被、湿地等进行叠加分析,为科学研究和决策管理提供不同情境下的淹没预测。

参考文献

陈鹏霄，申邵洪，谭德宝，2010. 基于空间插值的洪水淹没空间分布快速获取 [J]. 武汉大学学报(工学版)，6：727－729.

丁雨淋，杜志强，朱庆，等，2013. 洪水淹没分析中的自适应逐点水位修正算法 [J]. 测绘学报，4：546－553.

郭利华，龙毅，2002. 基于 DEM 的洪水淹没分析 [J]. 测绘通报，11：25－27.

BAYLEY P B，1989. Aquatic environments in the Amazon Basin with an analysis of carbon sources，fish production and yield [J]. Canadian Special Publications of Fisheries and Aquatic Sciences，106：399－408.

CLAUSEN B，BIGGS B，1997. Relationships between benthic biota and hydrological indices in New Zealand streams [J]. Freshwater Biology，38(2)：327－342.

FRAZIER P，PAGE K，LOUIS J，et al，2003. Relating wetland inundation to river flow using landsat TM data [J]. International Journal of Remote Sensing，24(19)：3755－3770.

GIGNEY H，PETRIE R，GAWNE B，et al，2006. The exchange of material between the Murray River Channel and Barmah-Millewa Forest during the 2005/2006 floodplain watering [R]. Canberra：MDBC.

GREEN A A，WHITEHOUSE G，OUTHET D，1983. Causes of flood streamlines observed on landsat images and their use as indicators of floodways [J]. International Journal of Remote Sensing，4(1)：5－16.

KRUUS J，DEUTSCH M，HANSEN P，et al，1979. Flood applications of satellite imagery [C]. Proceedings of the Satellite Hydrology Proceedings of the Fifth Annual William T Pecora Memorial Symposium on Remote Sensing，Sioux Falls，South Dakota.

LEIGH C，SHELDON F，2009. Hydrological connectivity drives patterns of macroinvertebrate biodiversity in floodplain rivers of the Australian wet dry tropics [J]. Freshwater Biology，54(3)：549－571.

PEARSON R G，ARTHINGTON A H，GODFREY P C，2010. Ecosystem health of wetlands of the Great Barrier Reef Catchment：Tully-Murray floodplain case study [R]. NewSouthWales：James Cook University.

SMITH L C，1997. Satellite remote sensing of river inundation area，stage，and discharge：A review [J]. Hydrological Processes，11(10)：1427－1439.

SMITH L C，ISACKS B L，BLOOM A L，et al，1996. Estimation of discharge from three braided rivers using synthetic aperture radar satellite imagery: Potential application to ungaged basins [J]. Water Resources Research, 32 (7): 2021 - 2034.

THORTON S A, BRIGGS S V, 1994. A survey of hydrological changes to wetlands of the Murrumbidgee River [J]. Wetlands (Australia), 13(1): 1 - 10.

TOCKNER K, PENNETZDORFER D, REINER N, et al, 1999. Hydrological connectivity, and the exchange of organic matter and nutrients in a dynamic river-floodplain system (Danube, Austria) [J]. Freshwater Biology, 41(3): 521 - 535.

USACHEV V F, 1985. Evaluation of flood plain inundations by remote sensing methods [M]//GOODISON B E. Hydrological applications of remote sensing and data transmission. Wallingford: International Association of Hydrological Sciences.

XU H, 2006. Modification of normalised difference water index (NDWI) to enhance open water features in remotely sensed imagery [J]. International Journal of Remote Sensing, 27(14): 3025 - 3033.

第 8 章　研究成果与展望

8.1　主要研究成果

本书梳理并归纳了地表水遥感监测与模拟中的一系列理论与方法，并通过数个相关的研究案例进行实践展示，研究案例涉及河流、湖泊、湿地等多种地表水体，所用遥感数据涉及 MODIS、Landsat、Sentinel - 2 和 Sentinel - 1 等多种光学和微波数据，所取得的研究成果如下。

1. 面向河流与湖泊水体提取的混合像元分解与重构

针对混合像元解混时端元获取困难的问题，本书提出了基于移动窗口结合直方图自动从影像上提取水陆端元进行混合水体像元解混的方法，成功地从中等分辨率 Suomi NPP - VIIRS SWIR 波段中提取了水陆混合像元的水体丰度。在水陆混合像元的重构方面，针对河流与湖泊水体不同的空间分布特征，开发了对应的水体亚像元制图方法，并利用 DEM 辅助信息，实现了优化的亚像元制图结果。

2. 面向地表水动态监测的影像时空融合

针对大部分卫星数据时空分辨率相互制约的矛盾，本书在已有的影像时空融合框架基础上，发展了面向地表水动态监测的影像时空融合方法，对比了先融合后指数和先指数后融合两种融合策略，发现先指数后融合不仅可以减少计算量，而且能够获得更好的地表水监测效果。

3. 地表水提取及不确定性研究

本书提出了后验概率支持向量机的河流水体不确定性提取算法，它能够识别不同像元是否属于河流并定量评估该判别的可靠性。相对于传统的水体指数等方法，该方法能够从概率学的角度判定水陆像元，尽可能地明确判读的不确定性，且可为下一步通过融合等不同方法消除或降低不确定性服务。

4. 基于 SAR 的地表水提取

相对于光学遥感数据，SAR 数据具有不受天气条件和日照条件限制等优点，能够实现全天时全天候的地表水监测。此外，由于 SAR 数据具有较长的波长，还具有一定的穿透力，能够穿透植被冠层，因此，应用 SAR 数据可以获得植被下的淹水状态。本书展示了利用 SAR 进行地表水提取以及湿地植被淹水状态监测的两个案例，证实了 SAR 在地表水监测中的优势，以及相应的劣势，比如受地形条件限制，需结合 DEM 等辅助数据进行优化等。相较于光学数据，SAR 因其穿透能力，尤其适合于湿地水文研究。

5. 洪水淹没连通性分析与水深模拟

本书提出了基于 DEM 和遥感的河漫滩洪水淹没连通性分析与水深模拟方法，通过匹配遥感识别的水域边界和 DEM 数字高程，获得水面高程，且通过对水面高程的拟合和插值，模拟不同水位条件下的湿地连通性及水深情况。该方法原理简单，计算效率高，能够应用于不同尺度的流域洪水模拟情景。

8.2 研究展望

本书主要从遥感学的角度阐述了利用不同遥感数据进行地表水监测与模拟的理论、方法及研究案例，对于水文学，尤其是河湖水动力学等关注较少，未来将进一步关注水文水动力模型，将其与遥感进行更加紧密的耦合，以深度解决各种水文研究问题。